总顾问　戴琼海

总主编　陈俊龙

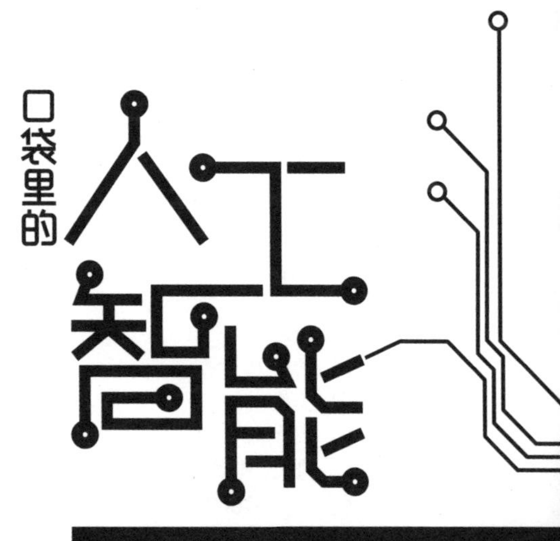

自然语言处理

谭明奎　杜　卿◎主编

SPM 南方传媒
广东科技出版社
全国优秀出版社
·广州·

图书在版编目（CIP）数据

自然语言处理 / 谭明奎，杜卿主编. —广州：广东科技出版社，2023.11

（口袋里的人工智能）

ISBN 978-7-5359-8086-1

Ⅰ. ①自… Ⅱ. ①谭… ②杜… Ⅲ. ①自然语言处理 Ⅳ. ①TP391

中国国家版本馆CIP数据核字（2023）第084235号

自然语言处理

Ziran Yuyan Chuli

出 版 人：严奉强
选题策划：严奉强 谢志远 刘 耕
项目统筹：刘晋君
责任编辑：刘晋君 刘 耕
封面设计：飛鳥魚設計 FLYING BIRD & FISH DESIGN
插　　图：徐晓琪
责任校对：曾乐慧 李云柯
责任印制：彭海波
出版发行：广东科技出版社
（广州市环市东路水荫路11号 邮政编码：510075）
销售热线：020-37607413
https://www.gdstp.com.cn
E-mail：gdkjbw@nfcb.com.cn
经　　销：广东新华发行集团股份有限公司
排　　版：创溢文化
印　　刷：广州市岭美文化科技有限公司
（广州市荔湾区花地大道南海南工商贸易区A幢 邮编：510385）
规　　格：889 mm × 1 194 mm 1/32 印张4.875 字数100千
版　　次：2023年11月第1版
2023年11月第1次印刷
定　　价：36.80元

本丛书承

广州市科学技术局
广州市科技进步基金会

联合资助

《自然语言处理》

主　编 谭明奎　杜　卿

副主编 朱金辉

序　言

技术日新月异，人类生活方式正在快速转变，这一切给人类历史带来了一系列不可思议的奇点。我们曾经熟悉的一切，都开始变得陌生。

——［美］约翰·冯·诺依曼

“科技辉煌，若出其中。智能灿烂，若出其里。”无论是与世界顶尖围棋高手对弈的AlphaGo，还是发展得如火如荼的无人驾驶汽车，甚至是融入日常生活的智能家居，这些都标志着智能化时代的到来。在大数据、云计算、边缘计算及移动互联网等技术的加持下，人工智能技术凭借其广泛的应用场景，不断改变着人们的工作和生活方式。人工智能不仅是引领未来发展的战略性技术，更是推动新一轮科技发展和产业变革的动力。

人工智能具有溢出带动性很强的“头雁效应”，赋能百业发展，在世界科技领域具有重要的战略性地位。《中华人民共和国国民经济和社会发展第十四个五年规划和2035年远景目标纲要》提出，要推动人工智能同各产业深度融合。得益于在移动互联网、大数据、云计算等领域的技术积累，我国人工智能领域的发展已经走过技术理论积累和工具平台构建的发力储备期，目前已然进入产业

赋能阶段，在机器视觉及自然语言处理领域达到世界先进水平，在智能驾驶及生物化学交叉领域产生了良好的效益。为落实《新一代人工智能发展规划》，2022年7月，科技部等六部门联合印发了《关于加快场景创新以人工智能高水平应用促进经济高质量发展的指导意见》，提出围绕高端高效智能经济培育、安全便捷智能社会建设、高水平科研活动、国家重大活动和重大工程打造重大场景，场景创新将进一步推动人工智能赋能百业的提质增效，也将给人民生活带来更为深入、便捷的场景变换体验。面对人工智能的快速发展，做好人工智能的科普工作是每一位人工智能从业者的责任。契合国家对新时代科普工作的新要求，大力构建社会化科普发展格局，为大众普及人工智能知识势在必行。

在此背景之下，广东科技出版社牵头组织了“口袋里的人工智能”系列丛书的编撰出版工作，邀请华南理工大学计算机科学与工程学院院长、欧洲科学院院士、欧洲科学与艺术院院士陈俊龙教授担任总主编，以打造“让更多人认识人工智能的科普丛书”为目标，聚焦人工智能场景应用的诸多领域，不仅涵盖了机器视觉、自然语言处理、计算机博弈等内容，还关注了当下与人工智能结合紧密的智能驾驶、化学与生物、智慧城轨、医疗健康等领域的热点内容。丛书包含《千方百智》《智能驾驶》《机器视觉》《AI化学与生物》《自然语言处理》《AI与医疗健康》《智慧城轨》《计算机博弈》《AIGC 妙笔生花》9个分册，从科普的角度，通俗、简洁、全面地介绍人工智能的关键内容，准确把握行业痛点及发展趋势，分析行业融合人工智能的优势与挑战，不仅为大众了解人工智能知识提供便捷，也为相关行业的从业人员提供参考。同时，丛书可以提升当代青少年对科技的兴趣，引领更多青少年将来投身科研领域，从而勇敢面对充满未知与挑战的未来，拥抱变革、大胆创新，这些都体现了编写团队和广东科技出版社的社会责任、使命和担当。

这套丛书不仅展现了人工智能对社会发展和人民生活的正面作用，也对人工智能带来的伦理问题做出了探讨。技术的发展进步终究要以人为本，不应缺少面向人工智能社会应用的伦理考量，要设置必需的“安全阀”，以确保技术和应用的健康发展，智能社会的和谐幸福。

科技千帆过，智能万木春。人工智能的大幕已经徐徐展开，新的科技时代已经来临。正如前文冯·诺依曼的那句话，未来将不断地变化，让我们一起努力创造新的未来，一起期待新的明天。

戴琼海

（中国工程院院士）

2023年3月

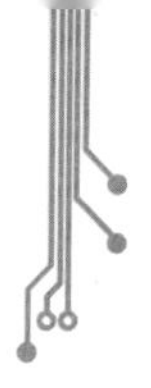

目 录

第一章 自然语言兴起：一场机器与人类的对话 001

一、人机对话的选项——自然语言和计算机语言 003

二、智能考核指标——自然语言处理和人工智能 005

三、前世今生——自然语言处理的发展历程 007

（一）基础研究时期 008

（二）现代研究时期 012

四、百宝箱——自然语言处理工具 017

（一）NLPIR自然语言处理与信息检索共享平台 017

（二）Standford CoreNLP 018

（三）NLTK 018

（四）spaCy 019

（五）中文语料库 020

第二章 自然语言理解基础：语言学习小课堂 023

一、机器的记忆——文本表示 025

二、机器知词语——词法分析 031

（一）分词 031

（二）词性标注 034

（三）命名实体识别 037

三、机器识句子——句法分析　039
（一）树库　040
（二）句法分析技术　041
四、机器明意思——语义分析　045
（一）语义消歧　046
（二）语义提取　048
五、机器晓语境——语用分析　049
六、机器有感情——情感分析　051
（一）情感分析分类　051
（二）情感分析方法　053

第三章　自然语言生成技术：语言课堂大考验　055

一、下笔如有神——自然语言生成　056
（一）审题目——内容确定　057
（二）列提纲——文本结构　057
（三）写句子——句子生成　058
（四）交作业——语言实现　062
二、增缩改写都拿手——文本到文本生成　064
（一）文本缩写　067
（二）文本扩展　068
（三）文本重写　069
三、对照数据做报告——数据到文本生成　070
四、看图说话也在行——图像到文本生成　073

第四章　自然语言处理应用：就业上岗样样精　077

一、语言沟通无国界——机器翻译　078

（一）机器翻译及其特点　078

（二）机器翻译技术沿革　079

（三）机器翻译质量　081

二、网络冲浪小助手——文本检索　082

三、答疑聊天不下线——智能对话系统　088

（一）问答系统　088

（二）智能助手　091

四、互联动态全在握——舆情分析　092

五、听说读写全能王——语音识别和生成　096

（一）语音识别　098

（二）语音合成　100

第五章　自然语言处理研究热点：追梦脚步不停歇　105

一、基于深度学习的自然语言处理技术　106

（一）基于神经网络的分词　106

（二）端到端训练　107

（三）预训练模型　109

（四）神经网络模型的先进代表　110

二、视觉-语言融合　114

三、跨语言模型　117

四、火遍全球的ChatGPT　119

（一）ChatGPT争霸秘笈——ChatGPT的工作原理 120
（二）ChatGPT登顶之路——GPT模型的发展历史 123
（三）ChatGPT横扫世界——ChatGPT的应用 126
（四）ChatGPT的偏见与傲慢——大模型的问题与挑战 130
（五）ChatGPT进化升级——大模型未来发展方向和展望 132

第六章 自然语言处理未来展望：无限风光在险峰 135

一、从浅层分析到深度理解 137
二、从具体任务到世界模型 138
三、从文本学习到感知融合 139
四、从被动学习到主观能动 140
五、从专业门槛到普罗大众 141

参考文献 143

第一章

自然语言兴起：一场机器与人类的对话

人工智能的迅速发展正深刻地改变着人类社会生活。2017年，国务院印发了《新一代人工智能发展规划》，为抢抓人工智能发展的重大战略机遇，构筑我国人工智能发展的先发优势，加快建设创新型国家和世界科技强国，明确了新一代人工智能的顶层设计和总体路径。人工智能已成为国家科技发展的战略研究方向，是国际竞争的新焦点、经济发展的新引擎，其为社会建设带来新的机遇，受到全行业的瞩目。

1956年被称为人工智能的元年。那一年，在美国汉诺斯小镇的达特茅斯学院中，约翰·麦卡锡（John McCarthy，人工智能之父）、马文·明斯基（Marvin Minsky，人工智能与认知学专家）、克劳德·香农（Claude Shannon，信息论的创始人）、艾伦·纽厄尔（Allen Newell，计算机科学家）、赫伯特·西蒙（Herbert Simon，诺贝尔经济学奖得主）等科学家聚集在一起，讨论着一个如乌托邦般美妙且有可能实现的主题：用机器来模仿人类学习以及其他方面的智能。

自此，人类对机器人的幻想再未停止。如《星球大战》中的R2-D2和C-3PO、动画片里的铁臂阿童木。《芬奇》里遵循主人临终嘱托照顾小狗的机器人Jeff，寄托着人们对机器人善良与率真的期望。而《黑客帝国》里难以言明的Matrix，掌控着几乎整个人类世界。《变形金刚》更是从“外星制造”的角度诠释了人工智能强大的吸引力与未知的魔力。这些机器人的外形设计或人形，或动物，或卡通，又或仅仅是一个中控台；它们与人类的关系亦师亦友，也少不了幻化成人类的仇敌。你应该也发现了，智慧的机器人都具有和人类自由对话的能力。赋予机器人拥有人类语言能力的技术就是自然语言处理（natural language processing，NLP），它由自然语言理解（natural language understanding，NLU）和自然语言生成（natural language generation，NLG）两个重要技术组成，是人工智能研究领域的核心任务之一，NLP帮助计算机使用人类语言与人交流。自然语言处理还为计算机提供了阅读文本、听语音和解释语音的能力，缩小人类和计算机通信之间的差距。

无论从事什么职业，你都有可能已经使用过自然语言处理，只是不一定知道原来是“它”。帮助用户在互联网查找信息的搜索引擎，各大电商平台、通信服务商、银行保险纷纷推出的智能客服，国际旅行利器之一的翻译软件，电子邮箱的垃圾邮件自动过滤等都是自然语言处理技术在为各行各业赋能的体现。你可能开始对自然语言在计算机中是如何工作的产生了兴趣，可能开始意识到自然语言处理在我们的生活、工作和学习中都发挥了巨大的作用。无论你是通过哪种方式了解到自然语言处理，欢迎来到它的世界！

一、人机对话的选项——自然语言和计算机语言

众所周知，语言是人类沟通的工具，每个国家、种族通过各自共通的语言进行文化的传承、知识的传播和思想的交流。计算机发明后，我们为其操作设计了指令集，可以通过预编指令序列，控制计算机自动运行。随着计算机自动化程度的提高，指令

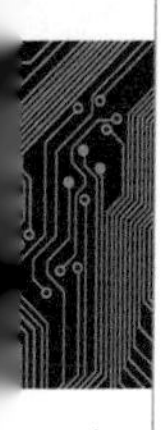

集设计变得复杂且规范，指令编写也成为系统且专业的工作任务。在计算机学科中，我们形象地把指挥计算机运行的指令集称为“计算机语言”，也就是计算机能懂的话。当我们给计算机布置任务时，用计算机语言写出操作命令序列的过程就是编写程序，简称编程。作为区分，传统理解中人类交流的语言被称为“自然语言”（图1–1）。

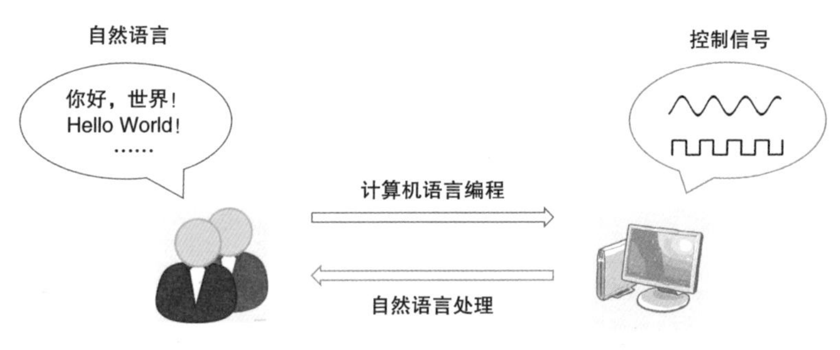

图1–1　计算机语言编程和自然语言处理

计算机语言搭建了人与计算机沟通的桥梁，但由于它是为计算机设计的语言，用到的符号、语法定义和表达规范都要考虑机器结构、零部件原理、信号传输系统等硬件设施的约束，语言系统较为抽象，不适合人类学习。人类与计算机的自由对话之路难以通过人学习计算机语言来实现，那便让机器学习自然语言来向人类靠拢。

如果说人工智能是计算机从业人员担当老师向计算机传授人类的智慧，自然语言处理就是其中一门研究如何设计算法、如何编程才能教计算机学会人类语言的课程。计算机学好这门课，就能在听命于专业编程人员之外，还能够和每一个普通人进行自然语言的对话。这是计算机具有类人智慧的重要标志，是计算机走进人类工作和生活的必经之路。

1950年，计算机科学之父艾伦·麦席森·图灵（Alan Mathison Turing）发表了一篇题为《机器能思考吗？》的“划时代之作”，提出了著名的“图灵测试”，即以语言问答为表现形式，来检测计算机是否具有智能的测试。图灵测试中有3个参加者：两个人和一台计算机。其中一个人为提问者，另一个人和计算机均为回答者。提问者提出一系列问题后，根据回答判断哪一个回答者是计算机。显然，计算机要通过测试，必须以对语言的深度理解和灵活运用为前提。2014年6月8日，聊天机器人尤金·古斯特曼（Eugene Goostman）成功让人类相信它是一个13岁的男孩，并成为有史以来首台通过“图灵测试”的计算机。这被认为是人工智能发展进程中的一个里程碑事件。

二、智能考核指标——自然语言处理和人工智能

语言能力是人类特有的天赋，人工智能的最新进展、令人兴奋的新应用、更强大的智能技术在很大程度上都与自然语言处理的进步有关。毕竟，如果机器不能理解人类语言，我们就不能说它是真正智能的。

在人工智能和自然语言处理的技术领域，机器学习和深度学习经常是同时出现的词汇，它们有时几乎可以互换使用。自然语言处理和这些词汇的关系到底是怎样的呢？

根据“科普中国”（China Science Communication）审核的定义，人工智能（artificial intelligence，AI）是研究、开发用于模拟、延伸和扩展人的智能的理论、方法、技术及应用系统的一门新的技术科学[1]。机器学习（machine learning，ML）专门研究计算机怎样模拟或实现人类的学习行为，以获取新的知识或技能，重新组织已有的知识结构使之不断改善自身的性能[2]。深度学习（deep learning，DL）源于人工神经网络的研究，通过学习样本数据的内在规律和表示层次，让机器能够像人一样具有分析学习能力，能够识别文字、图像和声音等数据[3]。

它们之间是有秩序的。从层次上讲，自然语言处理和机器学习都属于人工智能的核心技术方法。但自然语言处理结合了人工智能和语言学，使计算机能够分析用户所说的话（输入语音识别）并理解用户的意图，努力弥合机器和人之间的鸿沟，使机器和人类可以无缝交流。机器学习的方法也可以为自然语言处理研究提供技术手段。深度学习是机器学习的一个子集，是当前最受瞩目的一种机器学习的方式。它们之间的关系如图1–2所示。

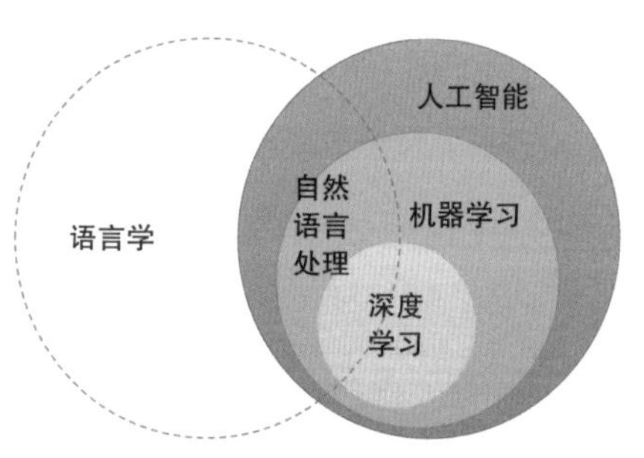

图1–2　自然语言处理和人工智能的关系

三、前世今生——自然语言处理的发展历程

给机器上好自然语言处理这门课可不简单，对于我们人类来说，理解自然语言似乎是一个简单的过程。然而，由于人类语言存在复杂性和主观性，对机器来说，正确理解并掌握它是一项相当复杂的任务。机器既要充分理解给定自然语言文本的意义，也需要同时考虑词汇和句子的逻辑结构、上下文、对话角色等方面。所以自然语言处理是一门多学科交叉的综合课程，其运用计算机科学的技术，涉及数学、统计学、电子工程学、语言学、生物学、心理学、哲学等多学科的知识，一部分学科支撑计算机软硬件设施建设和通信，另一部分学科解释人类大脑在语言理解和生成过程中的原理。

从计算机科学的角度，我们画出自然语言处理技术发展的时间线，如图1–3所示。这段历程分为20世纪80年代之前的基础研究时期和之后的现代研究时期，下面将分别介绍。

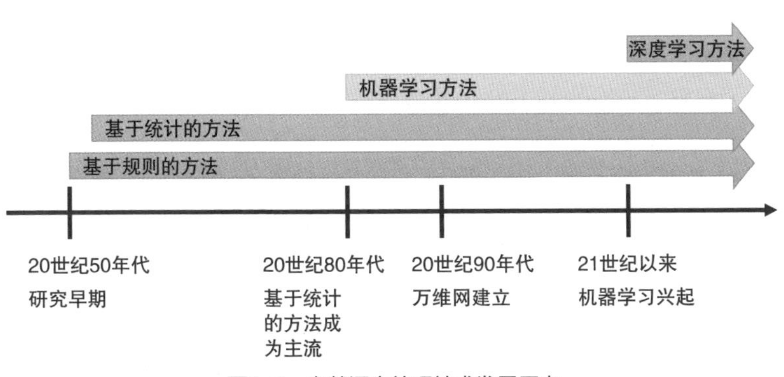

图1–3 自然语言处理技术发展历史

（一）基础研究时期

自然语言处理技术研究始于20世纪50年代，早期发展主要包括基于规则的方法和基于统计的方法。

1. 基于规则的方法

基于规则的方法，是指专家用小规模符号系统（规则）总结通用的自然语言现象，开展形式语言理论和生成句法等的研究，该类方法的研究学者被称为符号派。诺姆·乔姆斯基（Noam Chomsky）于1957年出版了《句法结构》一书。在这本书中，他认为所有语言的底层逻辑或深层结构都是相同的。在各种语言里，语法规则产生了无限多样的词语顺序和句子，“‘语言’被看成（数量有限或无限的）一组句子，每个句子的长度及其基本结构成分是有限的”。以此为基础，乔姆斯基创建了转换–生成语法和短语结构理论，并应用于早期的机器翻译系统中。乔姆斯基的理论回答了这样一个问题，即可以用于书写程序的语言具备哪些特征。美国计算机科学家约翰·华纳·巴克斯（John Warner Backus）将乔姆斯基的语言学理论引入计算机编译技术领域，证实了计算机程序确实能够用人类可以理解的方式写出。若没有计算机程序，就没有我们今天看到的各种编程语言。其中，最具代表性的编程语言是由麦卡锡于1958年发布的LISP（list processing）。这是第一个函数式程序设计语言，至今仍在使用。

基于规则的方法的示例如图1–4所示。

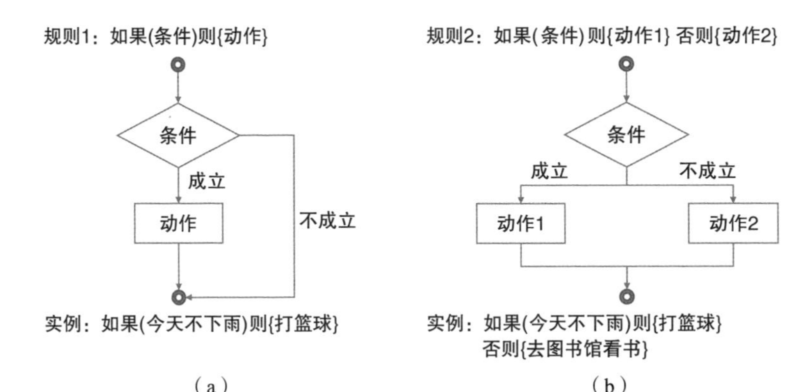

图1-4　基于规则的方法的示例

现实生活中，自然语言比编程语言复杂得多，人类语言是多样的、模糊的且具有创造性的，您将在本书中看到许多这样的例子。基于规则的方法需要预先提取规则，然而在实际场景中提取一套通用的规则去处理自然语言中的问题往往很难。下面的话表达的是同一个意思，你能用有限的通用规则将所有的自然语言组合全部描述出来吗？要与人类对话，程序还必须理解语法、语义、形态、语用，基于规则的方法要跟踪的规则数量似乎太多了。

我喜欢打篮球。

我热爱篮球。

我的爱好是篮球。

篮球是我最喜欢的运动。

……

2. 基于统计的方法

我们再来看基于统计的方法。这类方法是基于对语言数据本

身的观察和从数据中得出的统计数据，然后用数学方法计算语言表达某种意义的概率，取最有可能的语义进行语言理解，该类方法的研究学者被称为随机派。

一个经典的例子是n-gram模型，在20世纪70年代由弗莱德里克·贾里尼克（Frederek Jelinek）提出。它的原理是基于假设：句子中第n个词的出现只与前面的第n–1个词相关，由此来预测下一个词是什么。n-gram模型可以用来判断句子是否合理。具体的实现方式是首先对语料库中句子的概率分布进行建模，然后根据n的取值及给定的上文，计算第n个词的概率，概率高的词为预测的下一个词。如果预测的词和实际的下一个词一致，表示该句子合理，否则可能存在更合理的句子表达。图1–5给出了一个简单的示例。

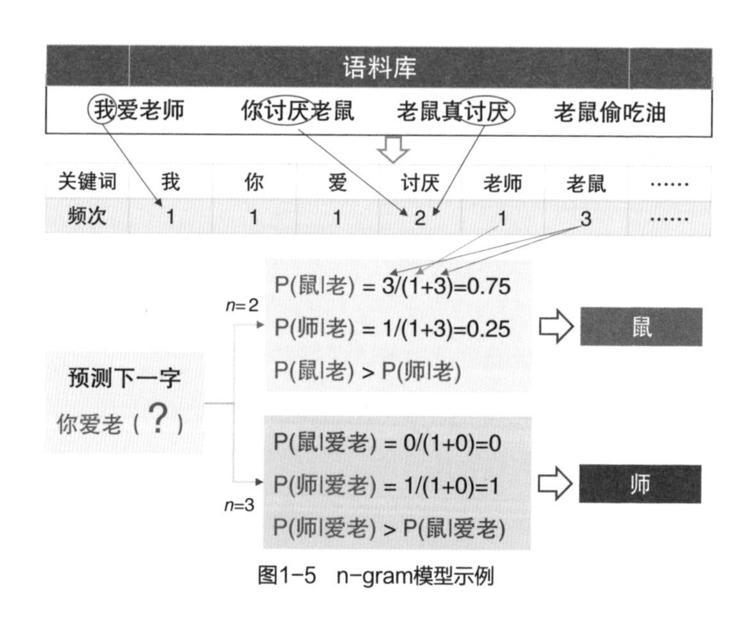

图1–5　n-gram模型示例

P（$w|h$）的意思是计算在h出现的前提下，w出现的概率。比如P（鼠|老）代表当“老”出现时，“鼠”可能出现的概率。在语料库统计中可以看到“老”出现在“老师”和“老鼠”中一共4次，其中鼠出现了3次，所以P（鼠|老）的概率计算为3/4，即0.75。这个示例中，我们分别对n取2和3进行了概率计算，可以看到，不同的参数设定会导致不一样的预测结果，当前3-gram的预测结果更为合理。

这种预测下一个词的功能有没有感到有些熟悉呢？对了，它经常在我们的搜索提示框或者输入法的猜想中出现。当你在输入检索词时，只需输入一个或几个词，搜索框通常会以下拉菜单的形式给出几个备选，这些备选就是用预测的方法在猜想你实际想要搜索的那个词串。

从n-gram模型中我们可以看到统计模型的特点：一是依赖于用来学习的语料库，二是大量的计算。由于受限于当时的语料库规模和计算机计算能力，这一类研究在早期处于弱势。

基于规则的系统构建成本高，依赖于从“专家”那里收集专业知识，基于统计的方法受限于高质量数据和计算资源。这两种方法在20世纪六七十年代都很快遇到了瓶颈[4]。1964年，美国国家科学研究委员会（United States National Research Council，NRC）成立了自动语言处理咨询委员会（Automatic Language Processing Advisory Committee，ALPAC）。该委员会的任务是评估自然语言处理研究的进展。1966年，NRC和ALPAC停止了对自然语言处理和机器翻译研究的资助，因为经过多年的研究和数千万美元的投入，机器翻译的效果仍然远远比不上人工翻译，

也没有计算机能够进行基本的人机对话。自然语言处理研究被许多人认为进入了“死胡同”。

（二）现代研究时期

1. 机器学习兴起

直到20世纪80年代，自然语言处理研究才逐渐恢复，在研究停滞的这十几年里，人工智能进入了新思想阶段。90年代，万维网的创建和运行，积累了大量数据供算法学习，基于统计的方法在网络文本的巨大流量面前变得非常有价值，自然语言处理统计模型的普及率急剧上升。受益于机器计算能力的稳步增长和机器学习算法的发展，以“香农信息论”为基本框架的大规模统计方法迅速成为自然语言处理研究的主流，并取得了显著进展。

与此同时，在语言大数据联盟的推动下，语料库建设速度加快，研究者们可以获得大规模的语言资源。这些语料库带有句法、语义和语用等不同层次的标记，大大推动了人们使用基于统计的机器学习方法进行研究和实践。

1997年，神经网络模型被引入，并逐渐成为自然语言处理研究和开发的前沿技术，然后自然语言处理进入了机器学习的时代。2001年，加拿大蒙特利尔大学教授约书亚·本吉奥（Yoshua Bengio）和他的团队首次提出使用前馈神经网络的语言模型。2011年，苹果公司的Siri成为世界上第一个成功的自然语言处理智能助手，被普通消费者使用。在Siri中，自动语音识别模块将使用者说的话翻译成文字。然后，语音命令系统将这些文字与预定义命令相匹配，启动特定动作。例如，如果Siri向你提问“你想听音乐吗？”，它将理解代表“是”或“否”的回答，并据此采取行动。从2010年起，计算机硬件的进步推动了一系列更强大、更复杂的机器学习方法出现，这些方法被称为深度学习，基于大数据的自然语言处理技术实现了一次以深度学习为基本框架的大跃迁，取得了巨大进步。

通过使用机器学习技术，计算机程序能够理解非结构化内容，并为自然语言处理提供上下文信息，就像人脑一样，这样用户的说话模式不必与预定义的表达方式精确匹配。通过使用神经网络并增加系统的词汇量，自然语言处理引擎可以显著提高翻译的准确性。一个训练有素的系统能理解“我在哪里可以获得人工智能的帮助”“我在哪里可以找到人工智能专家”，又或者是“我需要人工智能的帮助”这些丰富的自然语言表达方式，并提供适当的响应。

虽然自然语言处理技术领域不断涌现新的方法，但并不意味它会放弃以前的方法。事实上，基于规则的方法、基于统计的方法和基于机器学习的方式，这三种方法在当前都得到了很好的使用，首选哪种方法取决于应用场景的需求。然而，目前的人工智能仍然面临许多问题和挑战，自然语言处理技术的研究任重而道远。

2. 浅析生物神经网络

实现人工智能是我们长久以来追寻的梦想。那么人类的智能是如何产生的呢？生物科学对人类大脑的形态、结构和活动认知越来越深入，但对于智慧生成的过程依然只有浅薄的了解。不过这并不妨碍我们试图在计算机中模拟人脑的结构来实现人工智能。我们做到了，并且近年来进展神速。

人脑是由约百亿个高度互联的神经元组成的复杂生物网络，

生物神经网络是人类分析、记忆和逻辑推理等能力的来源。神经元之间通过突触连接相互传递信息，连接的方式和强度随着学习而发生改变，从而将学习到的知识进行存储。计算机构建生物神经网络的第一步就是从模拟神经元开始。

神经元受输入信息刺激会产生一个输出信息。我们做数学题的时候，如果定义了$Y=f(X)$的映射关系，那么给定X，就可以计算Y的值（图1–6）。

当$Y=2X$时，输入X与输出Y的关系展示：

输入X	输出Y
1	2
2	4
3	6
4	8

（a）数据表

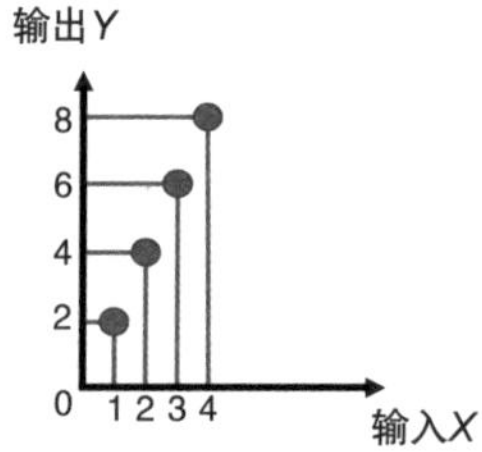

输出Y

输入X

（b）数据图

图1–6　输入和输出的映射计算

如果我们把这个关系公式隐藏起来，但是给出足够多的输入X和输出Y的对应值，你能猜出这个公式吗？图1–7中，计算模型被藏到了黑盒里，但是你可以从输入和输出的关系猜到，它是一个线性模型，那接下来要做的就是算出线性模型中的参数ω。这个黑盒模型就是计算机模拟的神经元。已知的输入和输出数据构成了神经元的训练数据集，每一对输入和输出数据是一个学习样本。计算参数的过程就是神经元学习的过程。经过训练的“神经元”，在模型参数ω求解后，我们就可以用这个神经元模型来计算任意输入对应的输出，这表明计算机从已知的数据集学到了如何对未知的输入进行求解。

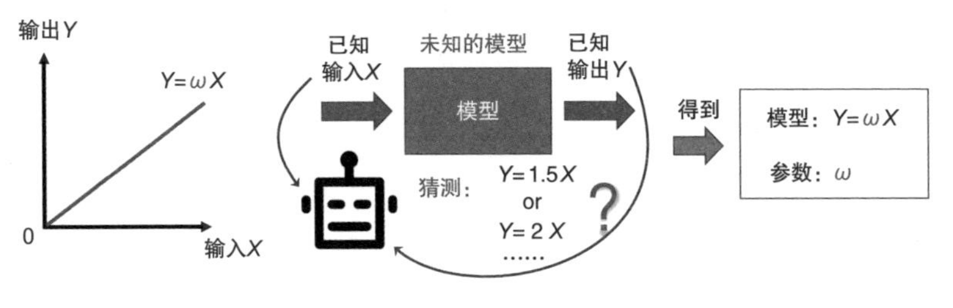

图1-7　神经元模型和参数

在自然世界中，输入和输出的关系比线性关系复杂得多。显然，一个神经元能反映的关系不足以描述自然界中存在的复杂关系。如果更多的神经元组合在一起呢？当我们把成百上千、成千上万，乃至数以亿计的“神经元”组合在一起形成“神经网络”（图1-8）时，计算机就像人类的大脑一样，也具备了超强的学习能力。它可以学习的输入数据除了简单的数值，还包括文本、音频、图像和视频等。将这些神经元分层管理起来，从初始的单层网络，慢慢发展到多层网络。现在的网络层次已经越来越深，这就是“深度学习”的由来。

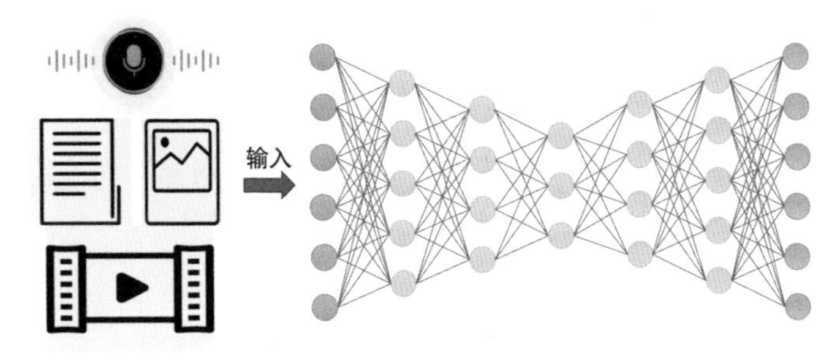

图1-8　神经网络示意图

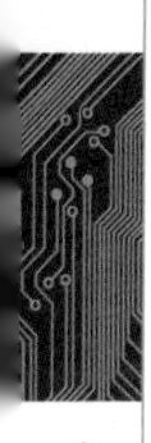

每个神经元藏着不一样的计算模型，使得它们各自具有独特的信息转换能力。神经元越多，待求解的参数也就越多。2021年，由浪潮人工智能研究院发布的中文人工智能巨量模型“源1.0”，一共包含了2 457亿个参数，简直是个天文数字！计算机的超级智慧是无数个小神经元叠加的结果，这也是量变到质变的体现。

在神经网络中，求解参数的过程不再是解方程式的计算过程，而是反复训练不断逼近的过程。你玩过猜数字的游戏吗？例如，我在心里默默地想了一个数，请你来猜。如果猜得不对，我会告诉你这个数大了还是小了。这个反馈信息会告诉你下一个猜数的方向，只要给你足够多的次数，你是不是离猜出正确答案越来越近了？神经元的训练就是计算机猜参数的过程，从一个初始值开始，训练数据会反馈给计算机离正确答案还差多远，于是，计算机不断地修正参数，使得模拟计算越来越接近标准答案。

理论上，只要有足够多的神经元、足够多的训练数据，我们就可以让计算机达到和人类完全一样的智能，甚至超越人类。但是目前，软、硬件的发展都制约着人工智能的扩展：海量计算超时，训练数据匮乏。在工业界，待解决的主要问题是缺乏带标注的语料数据，需要人工标注才能称为训练数据。然而市场上根本没有足够的人力和财力去为这些语料做标注，因此，数据资源稀缺问题要比我们想象的更严重。

语料资源对神经网络的性能影响很大。通常，神经网络的方法只有在语料很多的情况下，才能表现得超过基于统计的方法；在语料不够多时，其表现往往不如基于统计的方法。

四、百宝箱——自然语言处理工具

市场上有许多支持自然语言处理的工具平台和软件包，为我们了解自然语言处理提供了各种基本功能和基础算法。它们都是为特定的目标所构建，各有优势。单个工具可能无法为所有问题提供解决方案，通过充分了解目标需求来选择适合应用场景、满足开发基本需求的工具极为重要。

（一）NLPIR自然语言处理与信息检索共享平台

NLPIR自然语言处理与信息检索共享平台起步于汉语词法分析系统（institute of computing technology，Chinese lexical analysis system，ICTCLAS），这是最经典的汉语分词系统之一[5]。其主要功能包括中文分词、英文分词、词性标注、命名实体识别、新词识别、关键词提取等，并支持用户专业词典与微博分析。

自2009年起，ICTCLAS在原有系统的基础上增加了大数据语义智能分析系统，并针对大数据内容处理的需要，融合了网络精准采集、自然语言理解、文本挖掘和网络搜索技术等13项功能，形成了更为专业、强大的中文处理平台，提供客户端工具、云服务、二次开发接口，进一步推动中文处理技术的发展和应用。

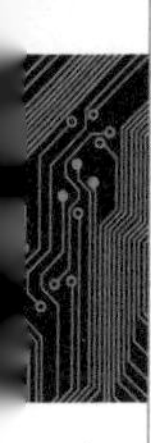

（二）Standford CoreNLP

Stanford CoreNLP是斯坦福大学自然语言处理研究组用Java开发的自然语言处理工具[6]。该平台目前支持8种语言：汉语、阿拉伯语、英语、法语、德语、匈牙利语、意大利语和西班牙语。Standford CoreNLP接收原始文本后，对文本进行一系列自然语言处理操作，生成包含各种标注信息的数据对象，实现分词、分句、词性标注、命名实体、句法分析、依赖关系、指代引用等许多常见的自然语言处理任务，用户可通过简单的应用程序接口（application programming interface，API）进行使用。

（三）NLTK

NLTK（natural language toolkit，自然语言处理工具包）是一个免费、开源、社区驱动的项目，由史蒂文·伯德（Steven Bird）和爱德华·洛珀（Edward Loper）在宾夕法尼亚大学计算机和信息科学系开发，是自然语言处理学习研究中最常使用的一个Python库，适用于Windows、Mac OS X和Linux操作系统[7]。它为50多个语料库和词汇资源（如WordNet）提供了易于使用的接口，以及一套用于分类、词性标记、词干标记、句法解析和语义推理的文本处理库，为使用者创造了一个活跃的讨论论坛。

NLTK的创作者编写了一套介绍编程基础知识和计算语言学主题的实践指南，其解释了工具包支持的自然语言处理任务背后的基本概念，指导读者掌握Python程序编写、语料库使用、文本分类、语言结构分析等基础知识。它适用于语言学家、工程师、学生、教育工作者、研究人员和行业用户。NLTK被称为“使用Python进行计算语言学教学和工作的极好工具”，以及“一个令人惊叹的自然语言处理库”。

（四）spaCy

spaCy是一个具有工业级强度的自然语言处理工具包，专门为生产应用而设计，擅长大规模信息提取任务，可以帮助企业构建处理和理解大量文本的应用程序[8]。它是一个免费的开源库，用Python开发，支持Unix/Linux，Mac OS和Windows操作系统，易于安装，API简单、高效，为自然语言处理领域的很多任务开发提供支持，比如词性标注、命名实体识别、依存句法分析、归一化、停用词等，多用于辅助构建自然语言理解系统，或预处理文本以进行深度学习。spaCy自带预训练好的模块，目前支持60多种语言的标记化和训练。spaCy各个模块在大小、速度、内存使用、准确性和包含的数据方面可能有所不同，其取决于用户正在使用的文本类型和内容。

spaCy不是研究型软件，虽然它是建立在最新的研究基础上的，但它的目的是实践落地。因此它与NLTK或Standford CoreNLP有着截然不同的设计决策，后两者被创建为教学和研究的平台。具体区别在于spaCy是集成性的和目标明确的。spaCy试图避免让用户在提供等效功能的多个算法之间进行选择，保持较少数量的功能菜单以便给开发人员提供更好的性能和开发体验。自发布五年以来，spaCy已经成为一个具有巨大生态系统的行业标杆。

（五）中文语料库

语料库是自然语言处理研究中必不可少的语言材料素材库，这些素材是由实际场景中真实出现过的语言材料经过分析处理、添加标注等工序生成的。语料库对于自然语言学和自然语言处理等领域的研究都至关重要。在基于统计和基于机器学习的方法中，语料库就是算法的统计素材，因此被称为训练语料库。

当前常用的中文语料库有北京大学语料库（center for Chinese linguistic，CCL）、新时代人民日报分词语料库（new era people's daily，NEPD）和宾州中文树库（Chinese treebank，CTB）等。

CCL语料库由北京大学中国语言学研究中心建立和维护，包含现代汉语语料、古代汉语语料两类单语语料，收录的文献时间范围为公元前11世纪到当代[9]。其中现代汉语语料约5亿汉字，涵盖了文学、戏剧、报刊、翻译作品、网络语料、应用文、电视电影、学术文献、史传、相声小品、口语等多个类型。CCL语料库中古代汉语语料约1.6亿汉字，收录了从周朝到民国时期的语料及大藏经、二十五史、历代笔记、十三经注疏、全唐诗、诸子百家、全元曲、全宋词、道藏、辞书、蒙学读物等杂类语料。

NEPD语料库是南京农业大学黄水清教授团队以已有的北京大学1998年人民日报语料库为基础，进行扩充而来的现代汉语通用语料库[10]。语料库以《人民日报》作为原始语料，保证了语料表达是规范的现代汉语，是面向现代汉语文本学习的高质量“统编教材”。

CTB语料库由大约150万字的中文新闻、政府文件、杂志文章、各种广播新闻和广播谈话节目、网络新闻组和网络日志的注释和解析文本组成[11]。其中有3 007个文本文件，包含71 369个句子、1 620 561个单词、2 589 848个字符（汉字或外国文字）。

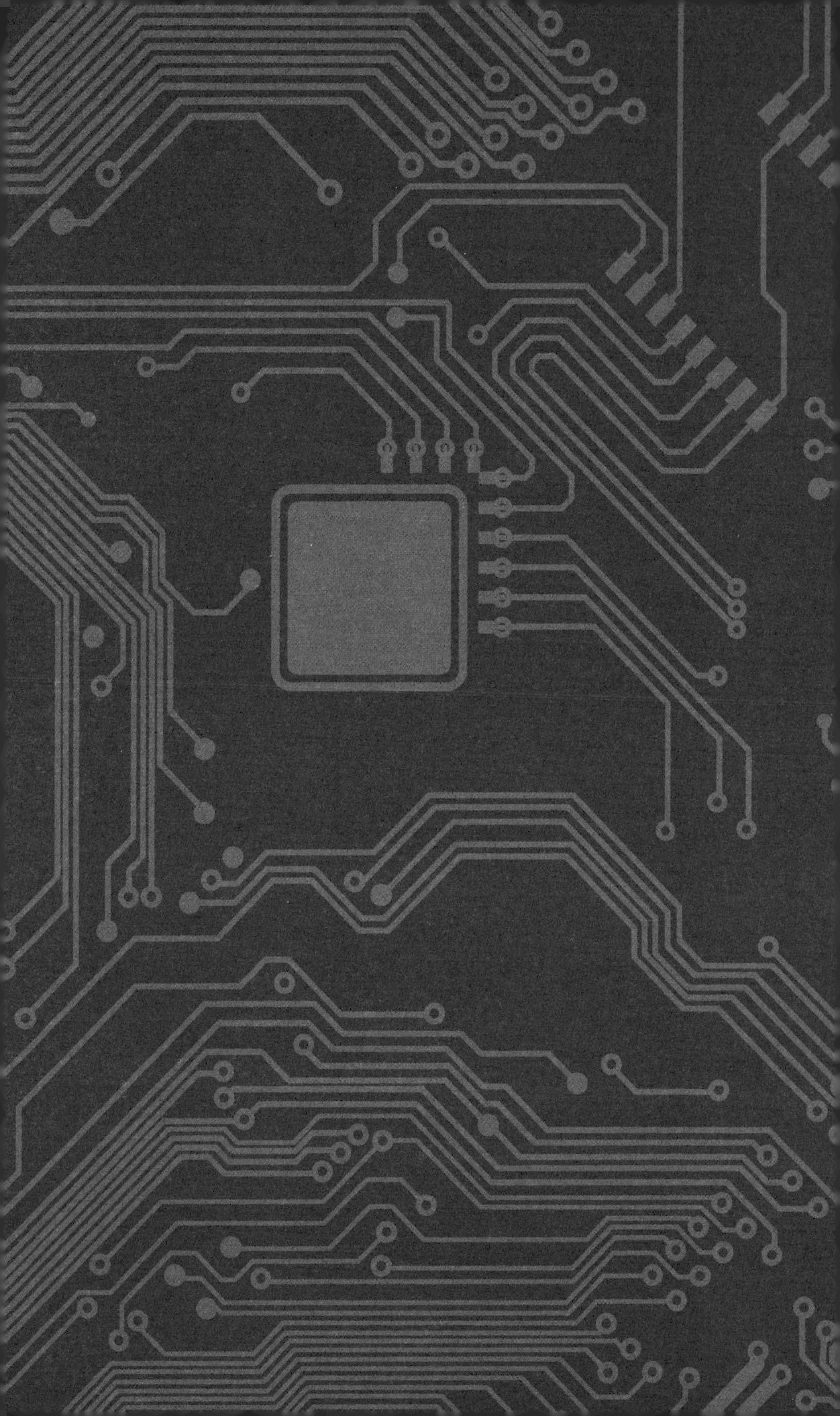

第二章

自然语言理解基础：语言学习小课堂

像我们学习汉语和英语一样，计算机对自然语言的理解也离不开字、词、句、文的分步学习和积累。在语言学中，词法描述构词的规则和规律（词具有独立的意义和语法特性）；句法描述词（或词组）组成句子的结构规则；语义描述句子中各个组成部分之间的意义关系；语用描述与周围情境有关的语义，形成上下文理解。因此，自然语言理解中也有词法分析、句法分析、语义分析、语用分析等任务与之相对应。这几个任务构成了自然语言理解中一个简单的标准工作流，但由于应用需求的千差万别，自然语言的实际处理过程可能与这个标准工作流有着很大的不同。为了满足不同的语言使用目的，通常需要为具体任务量身定制自然语言处理的流程和实现路径。

计算机对自然语言的理解与处理过程主要是基于输入的语言文本，但自然语言的传播方式除了文字还包括语音等。广义的自然语言处理系统包括自动语音识别（automatic speech recognition，ASR）技术和光学字符识别（optical character recognition，OCR）技术。其中，ASR技术将语音信号转换为计算机文本，OCR技术将图像上的文字符号转换为计算机文本。自然语言理解的一般流程如图2-1所示，本章着重介绍自然语言理解的文本表示和文本处理流程，语音识别和文字识别将在第四章介绍。

自然语言理解的子任务对于人类来说已经是非常基本的技能了，但对于计算机学习和处理来说却困难重重、挑战多多。我们在介绍自然语言处理发展历程的时候已经展示过自然语言复杂多变的特性，每一个多样性都可能成为自然语言理解中的研究课题。

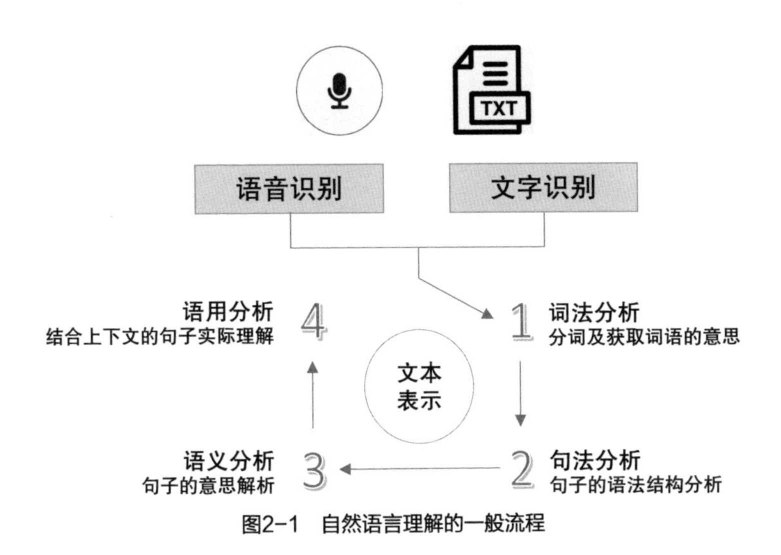

图2-1　自然语言理解的一般流程

一、机器的记忆——文本表示

人类的自然语言系统非常丰富，每一种语言都有自己的符号表示。无论是哪一种语言，输入计算机之后要解决的第一件事，就是转化为计算机可以存储和处理的表示。文本表示是自然语言处理的基础，是指原始的自然语言文本在计算机内的最终表示。类似于我们对自然语言的记忆，其文本表示一般分为字、词、短语、句子等语言维度，用向量或矩阵表示。

在基于规则的方法中，常见的存储方式是保存规则序号和参数值构成的元组。比如本书中图1–4中的示例，计算机存储的是（1，“不下雨”，“打篮球”），（2，“不下雨”，“打篮球”，“去图书馆看书”），各个词或短语填充到对应规则中就形成了句子。

在基于统计的方法中，文本表示模型又是什么样的呢？首先，我们对用于统计的语料库中的词进行标号，形成词表V，表示为v个词的集合，即V = {word_1，word_2，…，word_v}。一种经典的文本表示模型为“one-hot”表示，翻译为“独热”表示（图2-2）。方法是词表中的第i个单词，用向量（0，0，…，1，…，0，0）表示，生成的向量维度与词表中词语数量相同，其中，第i位取1，其他位都取0。也就是说，词表中的每个词都是由1个“1”和v-1个“0”组成的独一无二的向量，句子是由包含的所有词向量组成的向量矩阵。这种表示方式看起来很简单，但意义深远。它将离散的文本转化到欧式几何空间中，每个词对应欧式几何空间中的一个点，使得计算机可通过计算空间内点与点之间的距离来表示词间的特征关系。还记得平面中两点之间的距离公式吗？假设两个点A、B及其

词典 【我，你，他，喜欢，讨厌，苹果，香蕉，草莓，吃，买】

词向量

我	1	0	0	0	0	0	0	0	0	0
他	0	0	1	0	0	0	0	0	0	0
讨厌	0	0	0	0	1	0	0	0	0	0
香蕉	0	0	0	0	0	0	1	0	0	0
吃	0	0	0	0	0	0	0	0	1	0

你	0	1	0	0	0	0	0	0	0	0
喜欢	0	0	0	1	0	0	0	0	0	0
苹果	0	0	0	0	0	1	0	0	0	0
草莓	0	0	0	0	0	0	0	1	0	0
买	0	0	0	0	0	0	0	0	0	1

句子向量矩阵

我	1	0	0	0	0	0	0	0	0	0
喜欢	0	0	0	1	0	0	0	0	0	0
草莓	0	0	0	0	0	0	0	1	0	0

他	0	0	1	0	0	0	0	0	0	0
讨厌	0	0	0	0	1	0	0	0	0	0
吃	0	0	0	0	0	0	0	0	1	0
香蕉	0	0	0	0	0	0	1	0	0	0

图2-2 “独热”表示示例

坐标分别为$A(x_1,y_1)$、$B(x_2,y_2)$，则A和B两点之间的距离为：$|AB|=\sqrt{(x_1-x_2)^2+(y_1-y_2)^2}$。对，这个就是大家熟悉的几何空间和距离，只是现在要考虑更高维度的空间。

当词量非常大时，“独热”表示的词向量维度难免过大且稀疏（大部分数据为0），为存储和计算带来不便。为了减少向量稀疏的问题，我们把句子也用一个向量表示，同样采用这种用“1”表示词存在的设定，用v个“0”或“1”组成向量，只要这个句子中出现了某个词，那么句子向量中该词对应的位置就取“1”。显然，句子向量中可以出现多个“1”。准确来说，句子中出现了几个词，向量中就有几个“1”。比如图2-2示例中的句子向量矩阵可以简化为图2-3。

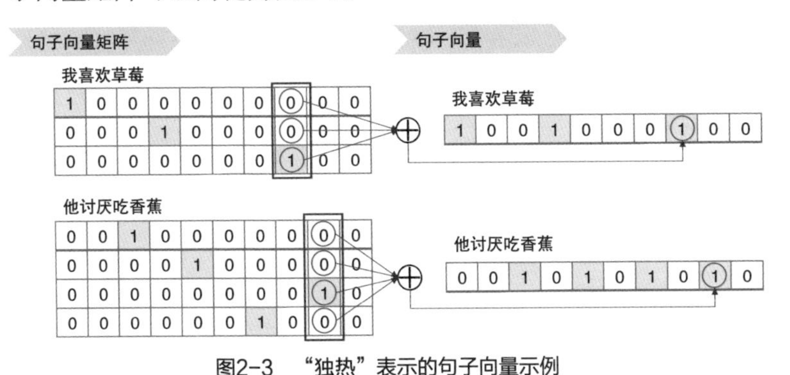

图2-3 “独热”表示的句子向量示例

更进一步地，这个向量虽然可以用来表示句子中出现的词，但是缺少了对词的重要性的体现，容易造成对文档理解的偏差。我们假设出现次数更多的词对文档更重要，在句子向量中增加其数量信息，词出现了几次，对应向量位置就为几。这样稍作变化就形成了词袋模型，它能存储更多的句子内在信息。还是

以图2-2里的词典设定为例，词袋模型的句子向量表示如图2-4所示。

我喜欢苹果，我喜欢香蕉，我喜欢草莓

3	0	0	3	0	1	1	1	0	0

图2-4　词袋模型示例

这个句子向量中出现次数最多的词是“我”和“喜欢”。从“喜欢”这个词语的意义出发，计算机可以理解这个句子的内容和爱好有关，情感为正向。“我”反映了人物角色，出现次数很多，但对句子所表达意思的贡献却没那么多。所以我们再来思考一下，“某个词出现的次数越多，这个词越重要”，这个假设真的正确吗？很多高频词，比如“我们”“的”“那么”“是”……这些词在语言中使用频繁，但并非含有很多的主题信息，在大多语言理解的任务中它们根本没有发挥作用。我们考虑用权重取代数量来展现词的重要性。这个权重该怎么取代呢？核心思想是：如果一个词预测主题的能力越强，则权重越大；反之，权重就越小。对文章主题没有用处的词，权重为零。下面列举几个经典的权重表示方法。

一是词频TF（term frequency），它表示词在文档中出现的频率，用词出现的次数除以文档中所有词的总数计算得出。比起次数，词频能更好地体现词在文档中的相对重要性，比如出现总数为10次的词分别出现在共有200个词和2 000个词的文档中，它在前者文档中的重要性会更高一些。

二是逆文档频率IDF（inverse document frequency），它表示一个词语普遍重要性的度量。词i的权重计算公式为IDF(i)=

log(*N*/DF(i))，其中，*N*为语料库的文档数量，DF(i)为语料库中出现i的文档数量。词i在所有文档中出现的概率越大，它的权重反而越小，因为它对于区分文档差异性的作用很小，这样就能减少一些通用的高频词的影响。

三是TF-IDF，其计算公式为：TF * IDF，它的主要思想是：如果某个词或短语在一篇文章中出现的频率TF高，并且在其他文章中很少出现，即IDF也高，则认为此词或者短语具有很好的主题类别区分能力，适合用来对文本分类。该权重的好处在于同时考虑了词的局部特征和全局特征。词频TF描述了词在一个文档中的局部特征，而IDF则描述了词在语料库中的全局特征。

图2-5演示了TF、IDF和TF-IDF的计算示例。

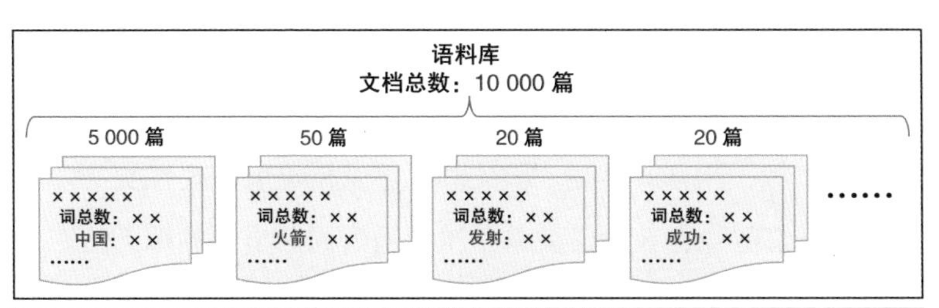

现有一篇文档《中国火箭发射成功》，该文档共有 100 个单词，其中，“中国”出现了 5 次，“火箭”出现了 3 次，“发射”和“成功”各出现了 2 次。

关键词	文档中该词总数	该词出现的文档总数	TF	IDF	TF-IDF
中国	5	5 000	$\frac{5}{100}=0.05$	$\log\frac{10\,000}{5\,000}=0.301$	0.015 05
火箭	3	50	$\frac{3}{100}=0.03$	$\log\frac{10\,000}{50}=2.301$	0.069 03
发射	2	20	$\frac{2}{100}=0.02$	$\log\frac{10\,000}{20}=2.699$	0.053 98
成功	2	20	$\frac{2}{100}=0.02$	$\log\frac{10\,000}{20}=2.699$	0.053 98

图2-5　TF、TDF和TF-IDF的计算示例

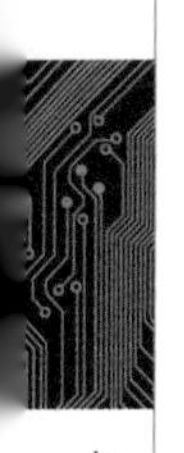

从示例中可以看到，虽然“中国”在文档中出现的频率很高，但由于它在所有文档中出现的频率都很高，对于区分文档的主题类别作用反而较小。在所有关键词中，“火箭”的TF-IDF值最大，说明它更能体现出文档的主题。结合现实情况分析，这也是合理的。综合来看，TF-IDF计算简单，在很多自然语言处理任务上体现出较高的实用性，所以基于TF-IDF的算法或改进算法被广泛应用于文本表示及信息检索等各个领域。

不管权重怎么计算，以上方法都可以归纳为向量空间模型，将语言理解的问题转为空间向量的计算问题。在一些应用场景中，我们发现仅通过词频确定词汇的重要性还是过于片面。当文档的写作习惯不同或者重要词出现次数较少时，通过TF-IDF方法提取出的关键词可能不具有代表性。而且，这种方法不能区分词语出现的位置。在日常写作和阅读过程中，我们通常的认知是：文首、段首或文尾、段尾的句子及词语的重要性更高。同时，词语之间也存在语义关系，单纯通过词语出现频率无法获得文本语义的关系特征，不能分析上下文的相关信息。向量空间模型的普遍问题在于未考虑词语顺序和文档中的上下文，词汇脱离了语境也就损失了文档本身的语义信息。

随着对自然语言理解的要求越来越高，向量空间模型不足以处理自由且复杂语言场景的弊端日益凸显。为了获取文档的深层语义，文本表示必须保存更多的语言内在信息，提取文本特征时除了考虑词频外，词语的位置与顺序、词语间语义关系等方面的信息也同样重要。另外，传统的文本表示很难完整地标识大数据背景下的短信息。原因包括：一是社交媒体具有文本内容、时间、主体与客体等多个维度，而仅考虑文本内容的传统方法远远不够；二是短文本具有口语化、不规范等特点，句子所含信息很少甚至内容单一，更容易引发歧义。所以短文本表示更需要融合多维度信息，实现对文本表示的扩展。

二、机器知词语——词法分析

词法分析的工作主要包括分词、词性标注和命名实体识别等。其中，分词是基础，词性标注是最核心的一部分。词性是词语最基本的语法属性，词性标注可以用来判定每个词的语法范畴，是命名实体识别、句法分析、语义消歧等后续任务不可或缺的前序工作。命名实体识别的主要任务是识别文本中具有特定意义的词语，如人名、地名等，并为其添加标注，这也是自然语言处理的一个重要工具。

（一）分词

理解一段自然语言是从切分其中的每一个词开始的。如英语，通常采用一个特殊的“空格”字符来分隔单词，使单词的切分看上去比较简单。比如：“I speak English.”。我们可以通过找到空格，将其划分为“I”“speak”“English”三个单词。但事实上，空格并不能解决语言中所有分词的问题。比如：“What's your name?”。按照空格分词法，我们拆分出3个词：“What's”“your”“name”。但从单词本身和句子的组成结构

分析，“What's”是“what”和“is”的缩写，是两个单词的组合。日常文字中，还有很多无法简单地通过指定分隔符来进行拆分的分词问题，比如标点符号和数学符号。如果把“.”作为分隔符，那么小数12.3将被拆分。所以需要采用更多的方法帮助计算机判断符号的作用。

我们再来看看中文，句子中的词汇之间是没有分隔符号的。这一类的自然语言还有日语、泰语等，它们完全不能使用分隔符来进行分词。中文分词的一种经典算法是最大匹配算法。这个算法需要配备一个词典库，然后从句子的第一个字开始查找词典，选择当前汉字为首的文字序列，将其与词典中以此汉字为首字的最长的词语进行匹配。匹配到的词语就是分出来的一个词，若匹配不成功，则这个单字分出一个词。然后从句子中这个词语的下一个字开始，重复上面的查找和匹配过程，直到句子中所有的字都分词完毕。具体过程如图2-6所示。

最大匹配算法采用的是当前最优的匹配策略，难免会带来分词的错误。如图2-7所示，正确的分词结果是我，爱，人民。最大匹配算法的分词结果是：我，爱人，民。显然，分词的错误将直接干扰到后续的文字理解。除此之外，算法依赖于词典，遇到词典中没有的词就会出现分词错误。这些问题需要我们探索更多的技术方法才能得到解决。

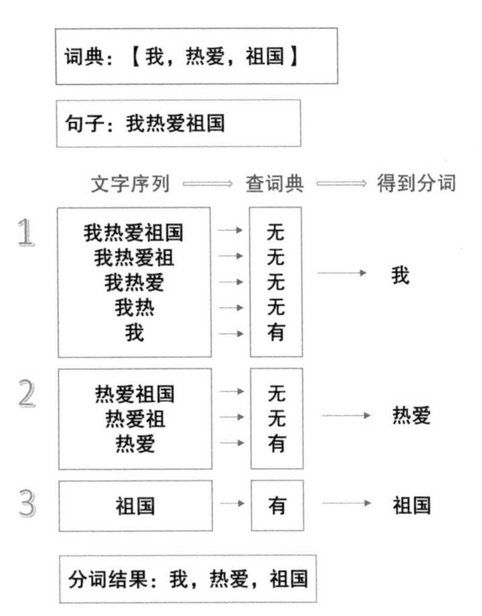

图2-6　用最大匹配算法进行中文分词的示例

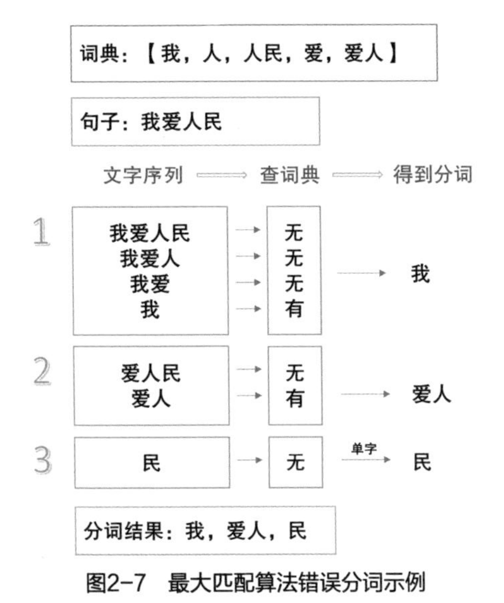

图2-7　最大匹配算法错误分词示例

中文词语的平均长度约为2.4个汉字，用最大匹配算法进行

分词的效果还算不错，然而英文的单词比较长（单词包含的平均字母数更多），用这个算法更容易失败。不同的语言特点决定了在自然语言理解的每一步，都有其更适用的方法。

（二）词性标注

词性是根据词语在句子中的作用对其形成的分类，主要的词性类别有名词、动词、形容词、副词等，类别包含了词语及其上下文含义的更多详细信息。句子由词性结构合理的词语组成，比如我们常说的句子主谓结构、主谓宾结构等，主语和宾语一般是名词或代词，谓语一般是动词。

词性标注是指将词性的标记符号自动指定给句子中的词语，将一个句子转换成一个带有标记的词语列表。由于这项任务涉及句子结构，因此虽然它属于词法分析，但不能仅仅在词语层面上完成，词性标注工具在选择标记时会考虑前后的词语。

例如，句子“我爱祖国”经过词性标注后，转换为词语列表：[（“我”，“代词”），（“爱”，“动词”），（“祖国”，“名词”）]。类似地，“妈妈的爱”表示为：[（“妈妈”，“名词”），（“的”，“助词”），（“爱”，“名词”）]。注意词语“爱”分别出现在两个句子中，在第一个例子中，它是动词；而在后者中，它用作名词。

虽然我们使用的是标记的通用名称，但在计算机的文本表示中，我们为标记定义标记符号集。目前，词性标注并没有全球统一或者全国统一的标记符号集，不同的工具平台可以定义各自的符号。表2-1是CTB分词系统的汉语词性标注集[11]。

表2-1　CTB语料库的词性标注集[11]

符号	词性	符号	词性
VA	谓词性形容词	DEC	“的”作为补语标记/名词化标记
VC	系动词	DEG	“的”作为关联标记/所有格标记
VE	“有”作为主要动词	DER	“得”构成补语短语
VV	其他动词	DEV	方式“地”
NR	专有名词	SP	句末助词
NT	时间名词	AS	动态助词
NN	其他名词	ETC	等，等等
LC	方位词	MSP	其他助词
PN	代词	IJ	感叹词
DT	限定词	ON	拟声词
CD	基数词	PU	标点
OD	序列词	JJ	其他名词修饰语
M	度量词	FW	外来词
AD	副词	LB	长被字结构词
P	介词	SB	短被字结构词
CC	并列连词	BA	把字结构
CS	从属连词		

引入CTB符号集后，“我爱祖国”标注后的文本为[（“我”，PN），（“爱”，VV），（“祖国”，NN）]，“妈妈的爱”为[（“妈妈”，NN），（“的”，DEG），（“爱”，NN）]。表格也许看起来有些抽象，哪怕看不懂也不用着急，CTB官网提供了标注集的具体解释和使用指南，其他工具平台也都提供了各自的文档说明。

下面，让我们看看在各种自然语言处理技术下的词性标注是怎么工作的。

基于规则的词性标注是最古老的词性标注方法。它建立的词典应包含每个词所有可能的词性标记。如果一个词有多个词性，则定义规则：根据周围词的词性分配正确的标记。

例如，如果一个词的前面是“的”，那么这个词则是名词。看回前面的例子：妈妈的爱，因为前面有了助词“的”，根据规则，“爱”被识别为名词，分配名词标记。类似地，根据语言学研究，我们可以制定出全套的词性标注规则。使用这些规则就可以构建基于规则的词性标注工具了。

基于统计实现的词性标注工具使用词语在给定训练语料库中标记的频率或概率来为它在新句子中的词性指定标记。这些标注工具完全依赖于词性标记出现的统计数据，通常被称为随机标注工具。

简单来说，随机标注工具根据词性频率来指定标记。例如：给定一个训练语料库，“爱”出现10次，其中动词出现7次，名词出现3次；那么新句子中，“爱”将始终指定为“动词”，因为“动词”在这个训练语料库中出现的次数最多。显然，词频法并不十分可靠。

还记得n-gram统计模型吗？它也可以用于词性标注，我们用预测标记序列概率的方式来指定词性标记。这里，一个词的最佳词性是使用前n-1个单词的标记概率来确定的。比如“妈妈的爱”中，“爱”的词性要考虑前面单词的词性。如果n取2，则考虑的是“的爱”，也就是助词+各种“爱”的词性，如“助词+

名词”和“助词+动词”分别出现的概率。如果N取3，则考虑的是“妈妈的爱”，也就是“名词+助词+名词”和“名词+助词+动词”分别出现的概率。这种方法比词频法的标注结果更准确，但它仍然不能为罕见的句子结构提供准确的结果。

词性标注也有基于机器学习，甚至基于深度学习的方法。不过对于大多数应用程序，n-gram模型简单、高效，已经提供了足够好的标注结果，因此被广泛使用。

（三）命名实体识别

未知词汇的识别是分词中的重要问题。大家可能会想，我们不断扩充词典就可以解决这个问题。但随着词典的扩大，词语匹配的效率必然会降低。而词语的形成无穷无尽，网络上每天都可能有新词产生，并融入我们的语言。我们不可能在词典中更新所有的词语组合，因此，那些对于语言理解非常重要的专有名词，我们要考虑对其进行专项管理，而识别这些专有名词的过程就叫作命名实体识别。通过命名实体识别，我们可以提取关键信息来理解文本的内容，或者仅使用它来收集重要信息以存储在数据库中。命名实体识别是信息检索、问答系统、机器翻译等众多自然语言处理应用的重要基础工具。

在现有的研究工作中，一般把命名实体分为三大类。第一类是文本中出现的各种实体，比如人、物、组织、学科或行业名称（如蛋白质名称、车辆名称）等。另外两类分别是时间类和数值类（比如货币、百分数）。它们虽然不是实体事物，但同样具有特殊的标识和意义。命名实体识别将文本中表示这些命名实体的

词语找出来，并进行标记，如图2-8所示。

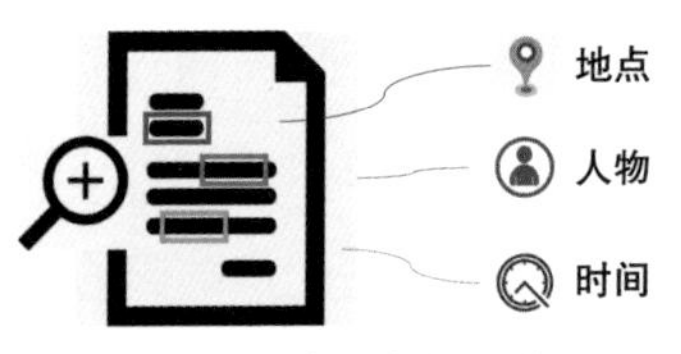

图2-8　命名实体识别

具体来说，研究和开发人员对他们所关注的专有名词进行分类、定义、对应标记。不同类别的命名实体具有不同的内部特征，不能用统一的模型来进行识别，所以每种类型的实体都需要提供相关的训练数据，以便命名实体识别工具能够找到对应类别的词语或词组，并正确分配标记。常见的命名实体类别如表2-2所示。

表2-2　常见的命名实体类别

类别	说明
人	人（包括虚构的）
团体	国籍、宗教或政治团体
建筑	建筑物、机场、公路、桥梁等
组织	公司、机构等
行政地点	国家、省（区）、城市
地点	山脉、水体等非行政地点
商品	物品、车辆、食物等（不包括服务）
事件	飓风、战斗、战争、体育赛事等
作品	书籍、歌曲等
法律	被命名为法律的文件

续表

类别	说明
语言	任何有名字的语言
日期	绝对或相对的日期/时期
时间	比一天更小的时间单位
百分数	百分比（包括“%”）
金钱	货币价值（包括单位）
数量	测量（如重量或距离）
序数	“第一”“第二”等
其他	不属于任意一种类别的新元素

命名实体识别的方法按照发展历程同样包括3种，分别为早期基于规则的方法、中期基于统计的方法以及现代技术主要采用的深度学习的方法。近年来也不断有新的方法推出，如果是常见的命名实体识别，用户使用各大平台工具即可；如果是行业的特定需求，可以和自然语言处理方面的研究实验室合作研发。

三、机器识句子——句法分析

句法分析是自然语言处理领域的经典任务之一，也是后续语义分析的基础。其目标是分析短语或句子中各组成成分之间的关系，也就是句法结构，也被称为语法分析。目前常见的句法分析技术包括短语句法分析和依存句法分析。短语句法分析旨在发现

句子中词与词之间的层次组合结构；依存句法分析旨在发现句子中词与词之间的二元依存关系。句法分析工具可自动推导句子的语法结构，并对语料文本进行相应的标注。

（一）树库

句法分析的结果可以用树型结构表示。如图2–9（a）所示，树型结构从下到上清楚地画出了词语—词组—句子的合成过程。

语料库中的每个句子经过句法分析、完成句法结构的标注［图2–9（b）］之后，形成的文本表示如图2–9（c）所示。所有语料标注后形成的新语料库就称为树库（treebank）。树库通常在已经用词性标记注释的语料库基础之上创建，可以全部手动

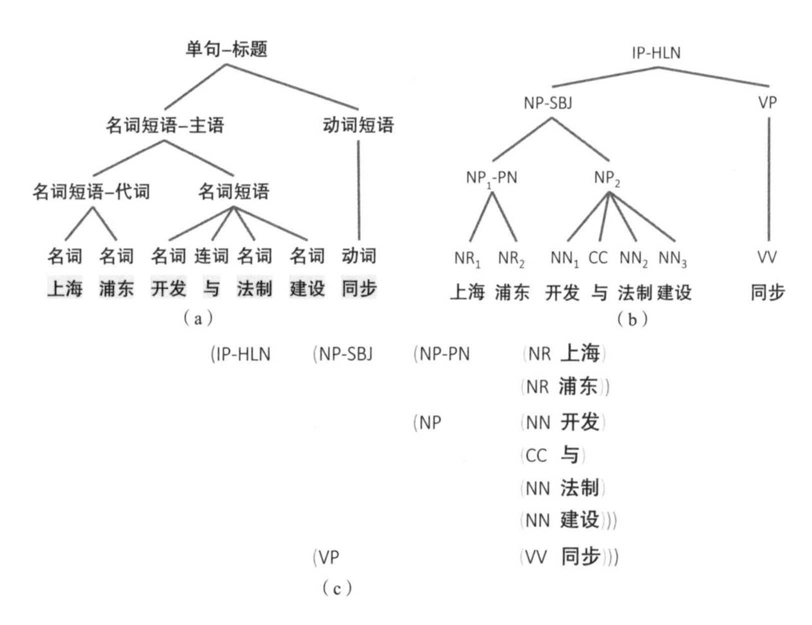

图2–9　CTB语料库短语句法分析树示例

创建，由语言学家用句法结构为每个句子做注释；也可以半自动创建，由句法分析工具解析句法结构，然后由语言学家对其进行检查并对错误进行修正。在实践中，以当前的语料库规模全靠手动标注是不现实的。即便是半自动创建，检查和修正自动生成的树库也是一个劳动密集型项目，可能需要语言学家的团队花费几个月到几年的时间。树库创建研究的目标，就是不断提高句法分析与生成树库语料的准确度。根据句法分析的方法，树库也可以分为两大类：标注短语结构的树库和标注依存结构的树库。

（二）句法分析技术

1. 短语句法分析

短语句法分析，是基于短语结构对句子的句法进行分析的方法。首先需要把句子划分成单独的短语结构。如动词性短语（动词和其他词性构成的短语）、名词性短语（名词和其他词性构成的短语）、介词性短语等。然后使用树形结构把句子表示出来，图2-9（a）显示的语法分析树就是采用短语结构的方式。

和词性标注一样，句法结构的标注也需要先定义符号标注集。英文中对宾州树库（Penn treebank）的使用较为广泛，而中文中北京大学树库构建时间比较早，表2-3列出了其早期定义的短语句法分析标注集（1997）[12]。现在随着标注技术的提升，标注符号集也在不断更新。

表2-3　北京大学树库短语句法分析标注集（1997）[12]

符号	描述
np	名词性短语，如：我们买的　漂亮的帽子
nbar	名词性准短语，如：工人们　资本主义
vbar	动词性准短语，如：看了一看　学过
vp	动词性短语，如：给他一本书　去看电影
abar	形容词性准短语，如：高兴　红了
ap	形容词性短语，如：特别安静　更舒服
dp	副词性短语，如：虚心地　非常
pp	介词短语，如：在北京
bp	区别词性短语，如：大型　中型　小型
tp	时间词性短语，如：战争初期　周末晚上
sp	处所词性短语，如：村子里　中国内地
mbar	数词准短语，如：一千三百
mp	数量短语，如：两三天　这群
dj	单句句型，如：她态度和蔼　那时候，天气还很冷
fj	复句句型，如：如果他愿意，我就陪他去看看
zj	整句，如：你去不去？火又盛，烟又大。
jq	句群，如：救命啊!救命啊!
dlc	独立成分
yj	直接引语

CTB语料库中，句法分析［图2–9（a）］逐步将短语进行语法合成并经过符号化后，形成了语法树［图2–9（b）］，然后用括号层次将树型结构描述出来，就形成了树库中的一个实例［图2–9（c）］。不同的语料库用的标识符号集也各不相同，所以，选择不同的工具平台时，一定要结合工具配套的文档和使用指南进行使用。

2. 依存句法分析

依存句法分析，是基于依存结构对句子的句法进行分析的方法。依存结构描述的是句子中词与词之间的语法关系，将句子结构中所有词语基于依存关系连接起来，就会得到依存句法树。依存语法理论认为，词与词之间存在主从关系，这是一种二元不对等的关系。在句子中，一个词修饰另一个词，则称修饰词为从属词，被修饰的词语为支配词，两者之间的语法结构关系被称为依存关系[13]。

以哈尔滨工业大学语言技术平台（language technology plantform，LTP）（后简称：哈工大LTP）依存句法标注为例，在图2-9中，句子“上海浦东开发与法制建设同步”的依存句法树如图2-10所示，其中用到的标注符号见表2-4。

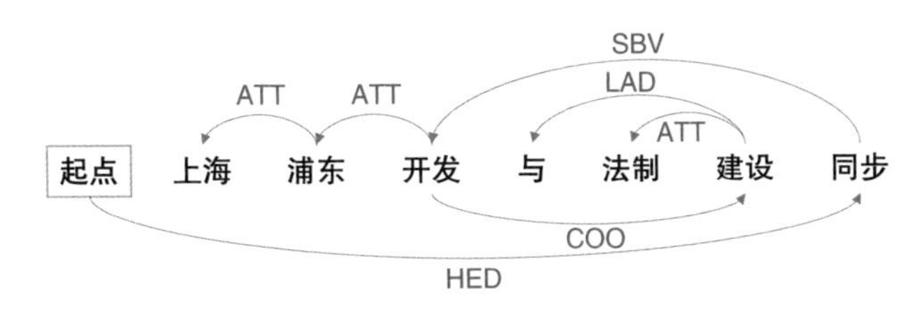

图2-10 哈工大LTP依存句法树示例

表2-4 哈工大LTP依存句法标注集[14]

符号	关系类型	描述	示例
SBV	主谓关系	subject-verb	我送她一束花（我<-送）
VOB	动宾关系	verb-object	我送她一束花（送->花）
IOB	间宾关系	indirect-object	我送她一束花（送->她）
FOB	前置宾语	fronting-object	他什么书都读（书<-读）
DBL	兼语	double	他请我吃饭（请->我）
ATT	定中关系	attribute	红苹果（红<-苹果）

续表

符号	关系类型	描述	示例
ADV	状中结构	adverbial	非常美丽（非常<- 美丽）
CMP	动补结构	complement	做完了作业（做 ->完）
COO	并列关系	coordinate	大山和大海（大山 ->大海）
POB	介宾关系	preposition-object	在贸易区内（在 ->内）
LAD	左附加关系	left adjunct	大山和大海（和<- 大海）
RAD	右附加关系	right adjunct	孩子们（孩子 ->们）
IS	独立结构	independent structure	两个单句在结构上彼此独立
HED	核心关系	head	指整个句子的核心

依存句法树的存储格式和短语句法树不一样，前者通常采用CoNLL-U格式，这是一种表格样式，如表2-5所示。CoNLL-U存储表有10列，具体如下。

（1）序号：单词索引，每个词在当前句子中的序列号。

（2）形式：当前词语或标点。

（3）词干：当前词语或标点的原型或词干，这是针对英语单词的转换设计的，在中文中，这一列的值和形式通常一样。

（4）词性：词语的词性，语言语法级别（粗粒度）。

（5）本地词性：词语的词性，词法标注级别（细粒度）。

（6）形态特征：句法特征，没有相关分析时此列为空。

（7）支配词序号：当前词语的中心词序号。

（8）依存关系：当前词语与中心词的依存关系。

（9）依存图：二级依存项列表。

（10）其他标注：其他标注信息。

每一行存储一个词语的上述属性信息。

表2-5　依存句法树CoNLL-U存储表

序号	形式	词干	词性	本地词性	形态特征	支配词序号	依存关系	依存图	其他标注
1	上海	上海	名词	NR	—	2	ATT	—	—
2	浦东	浦东	名词	NR	—	3	ATT	—	—
3	开发	开发	名词	NN	—	7	SBV	—	—
4	与	与	连词	CC	—	6	LAD	—	—
5	法制	法制	名词	NN	—	6	ATT	—	—
6	建设	建设	名词	NN	—	3	COO	—	—
7	同步	同步	动词	VV	—	0	HED	—	—

四、机器明意思——语义分析

语义学是语言学的一个分支，旨在研究语言的意义。语义分析是自然语言处理的重要组成部分，在文本信息不断扩大的时代，从文本中获取有价值的信息对推动业务的重要性是不言而喻的。语义分析帮助计算机理解文本的含义并提取有用的信息，在减少人工工作的同时提供宝贵的数据，对语音识别、信息检索、机器翻译、自动应答系统（如聊天机器人）等众多自然语言处理的应用有着直接的影响。

自然语言的语义分析可分为两个层次：

第一个层次为词语语义分析。我们需要理解文本中每个词的意义，也就是指从字典中获取文本中每个词被赋予的意思。

第二个层次为组合语义分析。尽管我们已经了解文本中每个词的意思，但可能仍然不足以完全理解文本的含义。

例如，以下两句话：

我爱妈妈。

妈妈爱我。

这两个句子使用了一模一样的词语，{我，爱，妈妈}，但它们表达了完全不同的含义。组合语义分析帮助计算机通过词语组合的方式理解文本的含义，根据组合的层次，又可以细分为句子级语义分析和篇章级语义分析。

为了准确理解句子的含义，语义分析中有两个重要的任务。

一是语义消歧。在自然语言中，一个词的含义可能因其在句子中的用法和文本的上下文而有所不同。词义消歧包括根据文本中出现的上下文解释单词的含义。

二是语义提取。识别句子中存在的各种实体，然后提取这些实体之间的关系。

（一）语义消歧

歧义是自然语言中普遍存在的现象，即便是人类，有时也会混淆不清。分析歧义产生的原因，通常把歧义分成词法歧义、句法歧义和指代歧义，大部分歧义问题都可以通过结合上下文解析语义来解决。

词法歧义，出现在一个词具有不同的含义时，并且包含该词的句子可以根据其不同含义进行不同但都正确的解释。如图2-11所示，“自行车没有锁”这个句子有两种解释，如何理解取决于“锁”在句子里的意义。“锁”做名词是一种解释，“锁”做动词是另一种解释。由此，我们可以利用词性标注来减少词法歧义问题。

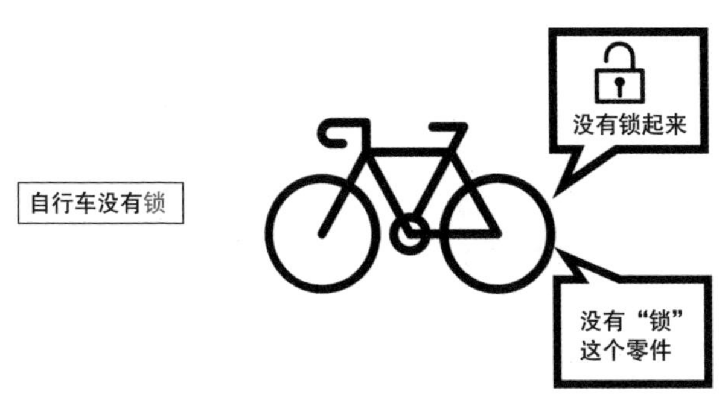

图2-11　词法歧义示例

句法歧义，是指句子结构用不同的方式进行划分时会产生不一样的理解，也被称为语法歧义。图2-12是中国语言学家朱德熙先生举过的经典句法歧义例句，不同的断句会形成不一样的句子结构，前者形成了动宾结构，可做句子的定语；后者是定语加名词，用于句子的主语或者宾语。

歧义情况2：咬死了|猎人的狗

咬死了猎人的狗

图2-12　句法歧义示例

指代歧义，文本中已经提到的某个实体（某物/某人/某事），后续再次提到这个实体时，我们通常会使用代词或另一个词来表示。比如“看到桌面上的书了吗？请把它拿给我。”如果读者不清楚或不确定代词所指代的是哪个名词，就会造成指代歧义，如图2-13所示。

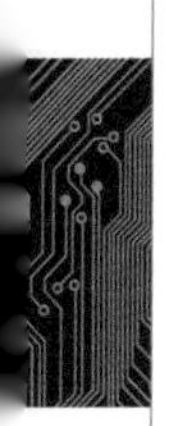

我看见小张扶着一位老人走下车来，她的手里提着一个黑色皮包

谁的手里？
是小张还是老人？

图2-13　指代歧义示例

不同类型的歧义问题，消除歧义的方法也不一样。词法歧义可以运用基于词典的方法、基于统计的方法，在词性标注、句法标注的基础上进行消除。句法歧义和指代歧义就必须要结合语义理解来进行消除。为了消除歧义，机器利用语义标注语料库进行训练。这类方法依赖于大量手动标记的语料，语料库创建成本很高。当然，也有一些不需要大量语料库甚至不需要语料库的方法，不同方法各有优缺点，适用于不同场景。

（二）语义提取

人类理解文本信息的含义非常容易，但对机器来说却不是这样。语义提取是计算机在句子级理解语义的过程。研究者根据语法结构提出了语义角色标注（semantic role labeling，SRL）方法。其原理是以谓词为中心，找到谓词对应的核心语义角色（施事者和受事者）和附加语义角色（如时间、地点、方式等）。语义角色标注一般基于句法分析结果进行，比如上一节中图2-10的哈工大LTP依存句法树。得到这个树结构的描述之后，语义角色标注工具将通过以下步骤来进行语义角色标注：

（1）在句法树中确定核心谓词。

（2）找出和谓词搭配的所有名词，形成谓词的语义角色候选（这个步骤会用到前面讲到的命名实体识别）。

（3）从候选项中剪除掉那些不可能成为语义角色的候选项。

（4）确定语义角色类型，并进行标注。

这种语义角色标注方法的准确度非常依赖句法分析的结果，只分析句子中各组成部分和谓词之间的关系，属于一种浅层语义分析。

五、机器晓语境——语用分析

语用分析主要是将文本中的描述和现实相对应，形成动态的表意结构[15]。语用分析有四大要素：发话者、受话者、话语内容和语境。前两者指语言的发出者和接收者；话语内容指发话者用语言符号表达的具体内容；语境指言语行为发生时所处的环境，主要有上下文语境、现场语境、交际语境和背景知识语境。

美国符号学家查理·威廉·莫里斯（Charles William Morris）在符号学的研究过程中提出了语义学和语用学的区别，语义学关注的是词语的字面意义及其相互关系，而语用学关注的

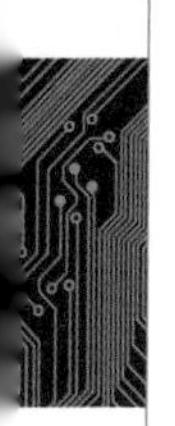

则是说话者和听者感知的推断意义。语义学是对字面意义的研究，更准确地说，是对语言表达及其意义之间关系的研究。语用学是对语境的研究，更准确地说，是对语境如何影响我们对话语的理解的研究。

举个例子，“你知道现在几点了吗？”表面上这是一个普通的问句，当用正常语气说出的时候，它的直接语义就是询问当前的时间。但如果是老师见到迟到的学生，那么这个句子就是在表达老师对学生迟到行为的生气，接下来的回答如果是时间，那么就是回答者没理解语言的语境。

语用也会产生歧义，看看下面两句有趣的话：

（1）单身的原因有两个，一是谁都看不上，二是谁都看不上。

（2）女孩给男朋友打电话：“如果你到了，我还没到，你就等着吧；如果我到了，你还没到，你就等着吧。”

一模一样的话语，你看明白了吗？语言处理的语用层面涉及对现实世界知识的使用、篇章或对话的上下文、说话人的背景和情绪等信息。总而言之，语用分析要理解人们如何真正地相互交流、他们交谈的环境以及各种其他因素，这已经不是基于规则或者基于统计的方法能够解决的。语义分析和语用分析可以说是自然语言处理的终极任务，也是最大的挑战。

六、机器有感情——情感分析

随着网络使用人数的增加，越来越多的网民在电商平台的商品评论区、社交平台以及各种论坛上发表自己的观点，分享自己的想法和意见。通过分析用户的网络语言，可以获得用户的兴趣偏好、真情实感以及言论倾向，形成非常真实的用户画像。因此，情感分析具有众多的应用场景。商家获得这些信息，可以加强产品设计、提高售后服务、定向推广宣传；相关部门获得这些信息，可以用于舆情监督与防控、政策制定与宣传。通过情感分析，计算机可以从文字中感受用户的喜怒哀乐，为心理、娱乐、情感陪伴等类型的软件设计与实现提供技术支持。情感分析已成为自然语言处理应用落地的重要体现。

（一）情感分析分类

情感分析原属于语义分析的一个分支，但语义分析主要基于语言学理论，情感分析则更多地结合心理学、人类学等学科，存在诸多亟待解决的问题，同时兼具广泛的应用价值，所以逐步成为独立的研究领域。情感分析发展过程中，相关的研究包括情感倾向性分析、意见挖掘和情感分类等。具体来说，常见的情感分析包括以下几种分析类型：

（1）一般情感分析。指分析用户对文档主题或目标实体的倾向极性，一般分为积极（正向）/中立/消极（负向）

（图2-14），或采用评分的数字量表。这是一种比较粗粒度的情感分析，主要判别用户喜欢或不喜欢的偏好特征。一般情感分析问题可以转化为文档的分类问题进行处理。

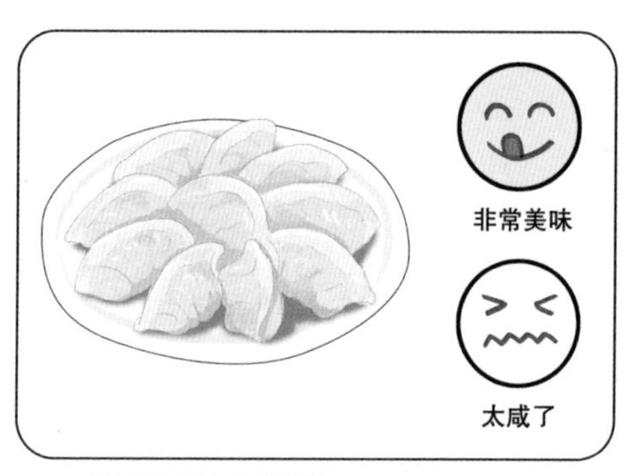

对于某饺子产品的评论：

"非常美味" ⟶ 正向

"太咸了" ⟶ 负向

图2-14　一般情感分析示例

（2）基于方面的情感分析。这是当前电商平台广泛采用的分析方法，是一种细粒度的情感分析。我们评价事物通常是多角度、多方面的，从不同的角度看事物，情感倾向不一定相同。例如对某款手机产品的评论：功能很强大，但是价格太贵了。针对手机，此评论包含了两个方面：一是功能方面，"强大"表示正向评价；二是价格方面，"太贵了"表示负向评价（图2-15）。基于方面的情感分析，首先要提取评价事物的"方面"，然后确定表述这个方面的情感词，最后判别情感词反映的倾向极性。

（3）情绪检测。指精确定位文档所表达的特定情绪，例如焦虑、兴奋、恐惧、担忧或幸福等。

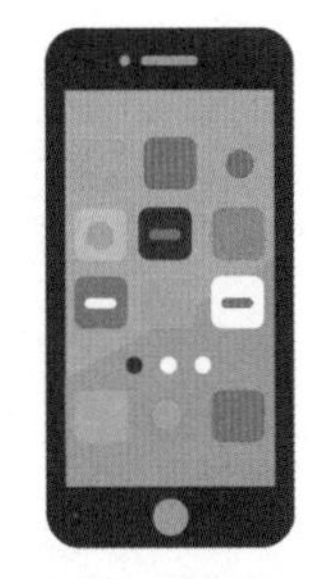

对于某款手机产品的评论：
“功能强大，但是价格太贵了。”

方面	情感词	情感
功能	强大	正向
价格	太贵了	负向

图2-15　基于方面的情感分析

（二）情感分析方法

情感分析可以采用基于情感词典的情感分析法。先将词典中词语的情感表示进行量化，分析文档时，利用情感词典获取词语的情感值，再通过加权计算来确定文档的整体情感倾向。这个方法可以对词语进行情感界定，使词语易于分析和理解。但情感分析效果依赖一个内容丰富且情感表达准确的情感词典，而情感的量化是一个复杂且耗时的工作，这也是基于词典技术方法的通病。同时，这个方法没有考虑词语之间的关系，没有联系上下文，词语的情感值不会根据文章或语句做动态的变化，没有考虑到说话人的个体背景差异，所以有时不能准确表达说话人的情感观点，对于讽刺之类的语言技巧更是无法辨别。

其他情感分析的方法还包括基于规则的方法、机器学习的方法以及混合的方法。

第三章

自然语言生成技术：语言课堂大考验

自然语言生成指为了满足特定的交流需求，从原始的语言信息或者非语言信息中产生有意义的自然语言文本的过程。如果说自然语言理解教会计算机阅读，那么自然语言生成就是教计算机学会写作。如果让计算机参加一场考试，我们可以将计算机的考题分成3种类型，不同类型的题目用不同类型的数据形态作为题面素材。第一种考题题面是自然语言，计算机答题是文本到文本的生成过程；第二种考题题面是一组数值信息，计算机答题是数据到文本的生成过程；第三种考题题面是图像或者视频信息，计算机答题是图像到文本的生成过程。根据题目要求，计算机给出的答案可能是一个词语或短语，也可能是对话中的单句或多条语句，甚至，我们希望计算机能写出完整的篇章。

一、下笔如有神——自然语言生成

无论数据的类型如何，自然语言生成过程都可以将生成任务分解为多个子问题来解决。这些子问题包括前期决定“写什么”和后期确定“怎么写”。前期任务对于自然语言生成至关重要，它相当于我们写作文时的审题和列提纲，决定了计算机要向读者表达哪些信息。“写什么”的决策过程通常与应用需求密切相关。例如，语文老师给你出了两道题，一道是缩写句子，另一道是看图说话，这两道题的答题方法显然是不同的，你会用不同的思路来答题。后期“怎么写”更倾向于对语言特性的选择，例如在句子中使用哪些词，以及如何将它们按正确的顺序排列。相比之下，后期任务通常独立于应用程序，“怎么写”的方法可以在应用程序之间共享。

更具体的自然语言生成过程分为以下4个步骤。

（一）审题目——内容确定

作为生成过程的第一步，自然语言生成系统需要决定哪些信息应该包含在正在构建的文本中，哪些信息不应该包含在其中。通常，原始数据中包含的信息比我们需要表达的信息更多或者更详细。例如，在足球比赛中，我们可以获得每一次传球和犯规的数据，但我们并不会在新闻中一一描述；在病人监护系统中，测量心率、血压和其他生理参数的各类传感器持续地收集数据，但只有数据发生异常的时候我们才需要生成报告。针对大量冗余的数据信息，自然语言生成系统需要以应用需求为目标进行过滤，挑选出对其有用的部分。

（二）列提纲——文本结构

确定了要表达的信息后，自然语言生成系统需要决定向读者呈现内容的顺序。例如，一篇足球报道通常先介绍比赛的基本信息，比如时间、地点、参赛队伍等，然后描述比赛中的具体事件。再如，病人监护系统发出了一连串异常信号，提取信号信息后，应按信号产生的时间顺序生成报告。这些示例再次表明，应用需求限定了呈现内容排序方式。确定顺序的阶段通常被称为文本结构，其目的是生成一个文本计划，以结构化和有序的方式表示文本内容。文本计划就像我们写作文的提纲，但又不完全相

同。提纲通常是概要的，而文本计划是将所有要表达的信息全部按顺序罗列出来。早期的文本结构通常依赖于专家编写的结构化规则，而现在研究人员已经将基于深度学习的文本结构生成技术投入实际应用中。

（三）写句子——句子生成

1. 句子聚合

提纲拟好之后，我们围绕提纲写下一个个句子，从而完成文字扩充。计算机列出的文本计划已经足够详细，我们通过文字改写，用合适的句子描述文本计划中的信息。并非每一条文本计划中的信息都需要用单独的句子表达，将多条信息合并到一个句子中，生成的文本可能更加流畅和自然。上述将相关信息组成句子的过程称为句子聚合。

比如，在足球新闻中，描述女足球员张琳艳在2022中国足协女子超级联赛中上演“帽子戏法”的一种方式是：

（1）张琳艳在第18分钟为武汉队进球。

（2）张琳艳在第30分钟为武汉队进球。

（3）张琳艳在第40分钟为武汉队进球。

显然，语句表达相当冗余，读者阅读起来也觉得不连贯。通过句子聚合，上述文字被提炼为（4），是不是会好很多呢?

（4）张琳艳在上半场的时间里为武汉队打进3球。

聚合可能是语义层面的聚合，比如有序的异常检测信号可以聚合为特定的病症；也可能是语法层面的聚合，比如上文从（1）～（3）到（4）的转换。由于消除冗余和语言结构重组难以准确定义，聚合这个概念很难被准确构造为计算机算法。有些研究工作通过从语料库数据中总结规律来获取聚合规则。比如，如果计算机识别到两个句子中的平行动词短语是相同的，就可以省略第二个句子中的主语来实现句子聚合。例如，将下面的（5）（6）转换为（7）：

（5）张琳艳在第18分钟进球。

（6）张琳艳在第30分钟再次进球。

（7）张琳艳在第18分钟进球，第30分钟再次进球。

2. 挑词语——词汇化

一旦确定了句子的内容，自然语言生成系统就可以开始将其转换为自然语言。通常单个事件可以用自然语言以不同的方式表达。例如，足球比赛中的得分事件可以表达为“进球”，一名球员在一场比赛中的不同进球数，如进第一个球、进第二个球、进第三个球，我们可以分别用“首开纪录”“梅开二度”“帽子戏法”等更生动的词语来表达。

词汇化过程的复杂性在于选词，这取决于很多因素。比如文本的多样化，比起全文从头到尾单一化的词汇，丰富多样的文字表达更受读者欢迎。比如在上下文的约束下，“乌龙球”更适合表达一种因失误导致的进球。再比如模糊的度量标准，如果根据实体的尺寸选择形容词“高”或“矮”，“高”的桌子可能比“矮”的桌子尺寸更小。这就需要系统先建立某种比较标准，然后对类似物体的高度进行推理。在各种应用中，词汇选择还可能受到观点、态度或情感立场等因素的影响。你遇到过对话机器人因为用词怪异而造成表达生硬或者好笑的情况吗？

3. “它是谁”——引用生成

当独立的信息被上下文前后贯穿起来，我们还要教会计算机用引用的方式替代重复出现的实体。引用生成是指选择词语或短语来标识实体的过程。这一过程与词汇化非常相似，本质区别在于引用生成的选择是为了区分，系统需要传递出足够的信息，让读者可以区分某个实体和其他实体。

引用有几种方式，代词、专有名称或者其他表述。你能将下面几个例子对号入座吗？

（1）小明养了一只小猫，他非常爱它。

（2）3名同学代表学校参加了比赛，李明获得了冠军。

（3）那边站着3个人，穿蓝色格子衬衫的就是你要找的人。

第（1）句是代词引用，第（2）句是专有名称引用，第（3）句是其他表述引用。你答对了吗？关于引用生成任务，当前许多工作集中在如何使用代词上对专有名称等形式的研究仍然不足。如果一个主题范围内有多个实体具有相同的参考类别或类型，要让读者识别引用，则需要提及实体的其他属性。比如图3–1中，我们说“请指出黄色的球”，此时对应的实体有两个，“黄色的球”这个引用就是不明确的。我们可以通过增加尺寸属性“大的”或者“小的”给读者提供更准确的信息。自然语言生成在引用生成时也要解决这个问题。那么，如何选择合适的属性来提高引用的准确性，减少指代歧义，也是我们要教给计算机的功课。

图3–1中引用生成的内容选择问题是：为目标实体1找到一组属性，将其从两个干扰因素实体2和实体3中区分出来。引用生成

算法将在实体的已知属性中搜索“正确”的组合，从而在上下文中用属性描述来标识它。如何判断“正确”的组合呢？美国语言哲学家保尔·格赖斯（Herbert Paul Grice）曾提出，演讲者应确保他们讲话的内容为交流目的提供了足够的信息，但不是更多。也就是说，表述中信息太多可能无意义甚至误导，如“大的绿方块前的黄色小球”；信息太少可能会影响识别，如“这个球”。正确的组合在信息量上要做到恰到好处。

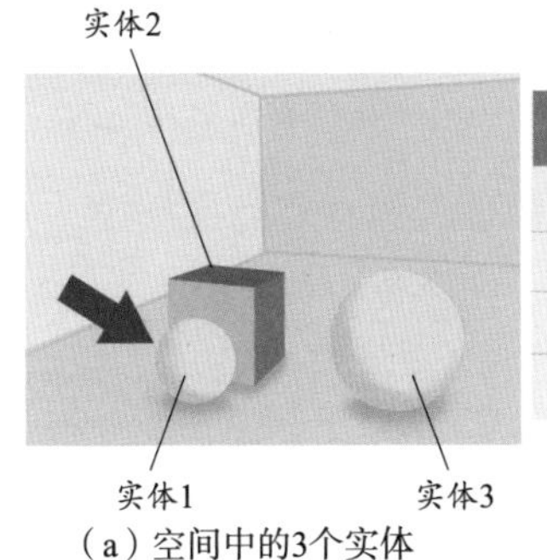

（a）空间中的3个实体

属性	实体1	实体2	实体3
颜色	黄色	绿色	黄色
形状	球	正方体	球
尺寸	小	大	大
位置	实体2前面	实体1后面	实体2右边

（b）实体属性

图3-1　空间中的实体及其属性表示

你会如何描述实体1？即便是大家对于引用表达在理论上达成了共识，最终的语言呈现依然会不一样。下面列出人类常用的描述思路，我们也可以把这些分析的思路教给计算机使用。

第一种方法，我们让计算机穷举所有的属性组合，然后选择出能识别目标实体的最小属性集。比如对实体1的描述可能包括“黄色”“球”“小”“黄色球”“黄色小”“小球”“黄色小球”等，这几个属性集有的包含了1个属性，有的包含了2个属性，有的包含了3个属性，有的可以唯一确定实体1，比如“黄色小”，有的不可以，如“黄色球”对于实体1和实体3都是匹配

的。在所有可以标识实体1的属性集里，“小”是最小的集合，也就是选择用尺寸来描述实体1，这符合格赖斯的理论。这个方法看上去非常简单，易于编程实现，也可以找到最优答案。但穷举意味着巨大的计算量，所以这个方法效率不太高。

第二种方法，当我们希望尽快做出选择时，会采用贪心的算法思想。在属性选择时，每次挑出当前能排除掉大多数干扰实体的属性。在本例中用这个方法，算法依然将首先考虑尺寸，因为它直接排除掉了其他两个实体。但贪心算法考虑的是眼前的局部最优，所以在情况复杂时，这种方法不一定能够找到最优答案。

前面两种方法没有区分对待各种属性，但在实际应用中，为了让计算机更“人类”，我们还可以让它学会了解人类对特定信息的偏好。在这个示例中，算法可能优先选择颜色，而不是尺寸，因为人类认知事物时通常对颜色更敏感，反应更快。

（四）交作业——语言实现

在经过了前几个步骤的准备工作之后，最终的文本将结合自然语言的其他表达要求进行生成。这个阶段称为语言实现，要完成的任务包括对句子的组成部分进行排序，以及生成正确的形态形式。这个“实现”与自然语言的种类非常相关。比如中文考虑句子是把字句还是被字句，因为句型决定了词语的位置；而英文要考虑时态、语态，动词要进行相应的形态变化。通常，系统还需要插入虚词（如助动词、介词）和标点符号。

我们再用一个示例（图3–2）来解释文本生成的过程。从图中可以看到，系统首先要确定数据中的重要事件［图3–2（a），内容确定]，在这种情况下，重要事件是发生低心率（心动过缓）。然后，它必须决定向读者呈现数据的顺序[图3–2（b），文本结构]以及如何在单独的句子计划中表达这些数据[图3–2（c），句子聚合，词汇化，引用生成]。最后，生成结果句子[图3–2（d），语言实现]。

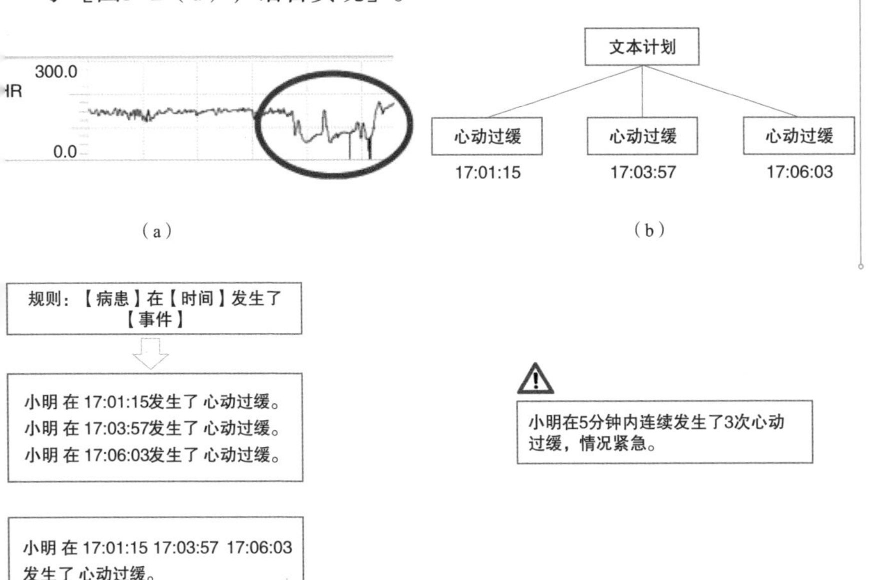

图3–2 自然语言生成的任务示例（以重症监护的简化示例说明）

对大部分人来说，写作应该是“听、说、读、写”中最困难的学习任务。对于计算机，这个挑战也不容小觑。比起阅读理解，计算机的写作能力目前相对较弱，不过在一些特定应用领域，计算机写出的文本也足够以假乱真了。接下来，我们看看计算机具体是如何应对各种题型的。

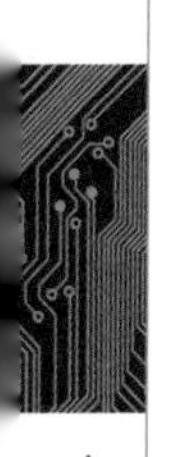

二、增缩改写都拿手——文本到文本生成

文本到文本生成存在于很多有意思的应用场景，比如：机器翻译实现了从一种语言到另一种语言的转化；名著或专著的简本制作使低识字率读者或儿童更容易阅读；WPS（金山软件股份有限公司开发的办公软件系统）文本编辑工具中的自动拼写、语法和文本纠正为使用者提供了便利；小爱、小度、Siri等机器人聊天软件为客户提供了个性化的服务。浪潮人工智能研究院研发的"源1.0"自2021年9月底发布以来受到了广泛的关注[16]。"源1.0"目前能够生成多种高质量的文本，如新闻稿件、故事续写、对话、诗歌、对联等。对于这些类别的任务，其产出的内容与人类创作的同类作品相差无几，甚至达到了以假乱真的程度。"源1.0"在图灵测试中实现了高达50.84%的平均误判率（表3-1）！在图灵测试中，如果机器让所有参与者的平均误判率超过30%，那么这台机器就通过了测试，并被认为具有人类智能。

表3-1 "源1.0"自然语言生成效果示例[17]

	输入	人	源1.0
对话	我好心问你吃饭了没，你却骂我。	宝贝我错了，再也不敢了。	我又没骂你，是你自己对号入座。
诗歌	作一首七言诗。	塞上长城万里长，漫天风雪映重峦。边江水入人心去，满目青山绝照还。	满目青山夕照明，愿随江舟泛轻风。今生常忆多情事，香闺如梦领神会。

续表

	输入	人	源1.0
对联	上联：春来人入画，下联：	福至梦开花。	夜半月当灯。
故事①	起床穿衣，洗漱完毕后，我走下楼，心情愉快地向科芬道了早安。	尽管这家伙昨天跟我开了个不大不小的玩笑。酒吧里已经聚了很多人了，住店的客人都来了。昨天没来得及细看，今天一注意才知道，这些人绝大多数都是捕鲸者：大副、二副、三副；铁匠、木匠、铜匠；还有标枪手、守船人，不一而足。 他们的肤色一律黝黑，衣着随性，留胡须的人占了很大的比例。你可以通过他们的外表来判断他们在岸上已经待了多长时间了。瞧，这个小伙子，两颊赤红，像烤过的梨，他从印度洋回来不超过3天。他旁边那一位，颜色没他那么重，身上似乎有股椴木的味道，他上岸有一个星期了。有的人脸上只剩下一丝隐隐约约的热带的黄色了，他们在岸上肯定已经待了好几个星期了。不过，谁也不能通过魁魁格的面色来判断他上岸的时间。	却没想到，下一刻，我就受到了一个不应该出现在这里的人的冷待。那人穿着一身笔挺的深色西装，靠在车身上，一双灰蓝色的眼眸，充满了不满与敌意，打量着我。科芬几乎是立刻挡在了我面前，警戒地看着眼前的人，说道："特里。"我眨了眨眼，大脑此时有些空白。我努力地思考，到底发生了什么事。这个人，应该是叫特里没错吧。他应该是莫里的哥哥，但是他为什么会出现在这里？他不是应该在中央星吗？他为什么要用这种眼神看着我？我小心地打量着特里，不明白他的敌意从何而来。"科芬，你先去上班吧。"我说道。"我知道了，林恩先生。"科芬看了特里一眼，一步三回头地走向悬浮车。我在心底叹息了一声，走上前去，伸出手，说道："你好，特里，我是林恩。"特里面无表情地看了我一眼，伸出手与我交握。

① 故事出自19世纪美国小说家赫尔曼·麦尔维尔（Herman Melville）的小说《白鲸》。

续表

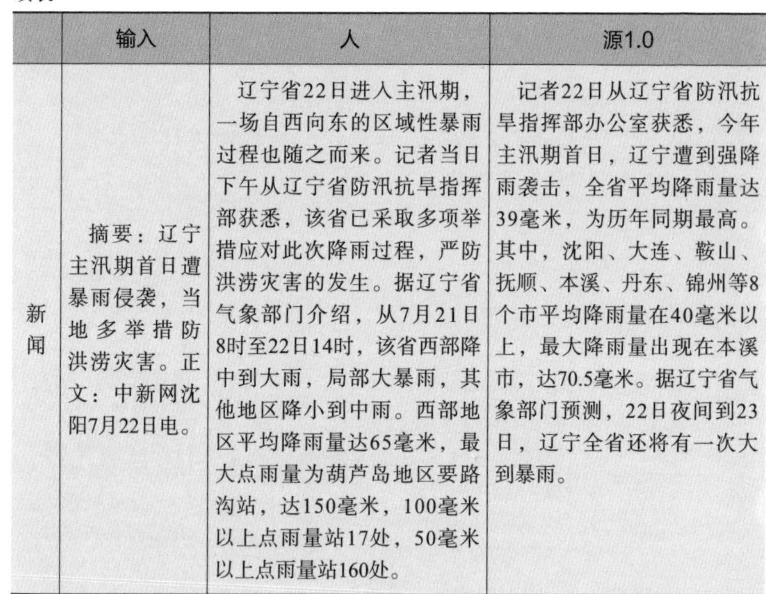

	输入	人	源1.0
新闻	摘要：辽宁主汛期首日遭暴雨侵袭，当地多举措防洪涝灾害。正文：中新网沈阳7月22日电。	辽宁省22日进入主汛期，一场自西向东的区域性暴雨过程也随之而来。记者当日下午从辽宁省防汛抗旱指挥部获悉，该省已采取多项举措应对此次降雨过程，严防洪涝灾害的发生。据辽宁省气象部门介绍，从7月21日8时至22日14时，该省西部降中到大雨，局部大暴雨，其他地区降小到中雨。西部地区平均降雨量达65毫米，最大点雨量为葫芦岛地区要路沟站，达150毫米，100毫米以上点雨量站17处，50毫米以上点雨量站160处。	记者22日从辽宁省防汛抗旱指挥部办公室获悉，今年主汛期首日，辽宁遭到强降雨袭击，全省平均降雨量达39毫米，为历年同期最高。其中，沈阳、大连、鞍山、抚顺、本溪、丹东、锦州等8个市平均降雨量在40毫米以上，最大降雨量出现在本溪市，达70.5毫米。据辽宁省气象部门预测，22日夜间到23日，辽宁全省还将有一次大到暴雨。

总结起来，文本到文本生成主要有三类任务，即文本缩写、文本扩展和文本重写（图3-3）。

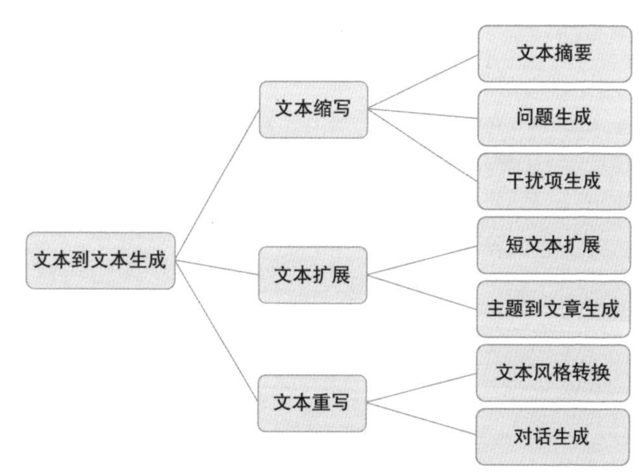

图3-3　文本到文本生成的相关任务

（一）文本缩写

文本缩写任务旨在将信息从长文本压缩为短文本，在应用中体现为文本摘要、问题生成和干扰项生成。

文本摘要是生成全新短语和句子以诠释源文档含义的过程。如图3-4所示，文本摘要有两种经典的生成方法：提取式摘要和抽象式摘要。两种方法之间的区别为，提取算法选择文档的第一句话作为摘要，抽象算法使用文档中的关键信息词（如机构、位置等）和新生成的词（如“太多”）来共同形成摘要。

日前教育部通报“减负”成果，上海虹口区某小学遭通报批评，称该校每天布置大量抄写作业，学生做到深夜，体育、活动课被语、数、英等科目占用。据悉该校已在整改，如一年级回家只布置口头作业等。你家小孩作业做到几点？
提取式摘要
教育部通报“减负”成果，上海虹口区某小学遭通报批评。
抽象式摘要
作业太多！上海虹口一小学被教育部通报批评。

图3-4　文本摘要示例

问题生成专注于为给定句子或段落材料中设定的答案自动生成问题文本，相当于“主动提问”的智能应用场景。

干扰项生成是根据素材自动为给定问答生成适当的干扰项，以形成多项选择题。这两个任务多用于智慧教育场景，如智能辅导、题库构建等。

（二）文本扩展

文本扩展的主要目的是将短文本扩展为包含更多信息的长文本，具体分为短文本扩展和主题到文章生成。短文本扩展旨在基于一组长文档将短文本扩展为更丰富的表示。主题到文章生成旨在根据一组给定主题，生成仿人类写作、多样化的段落级，甚至篇章级文本。

眼下，不少产品级的“写手”陆续进入我们的视线范围。“他们”都经历了大量的“培训”，只要给出一些关键词或一段简短的描述，“他们”就能完成诸如新闻时事、总结报告、故事、剧本甚至科学论文等各类文种的写作。在一些测试中，优秀的“写手”甚至能写出一篇高考范文。很多网友在看了机器写出的高考论文后，直呼“连机器都考不过了！”。“他们”就是由人工智能加持的文本扩展机器人。在人类的文字写作领域，集聚创造性与艺术性、体例和格式要求更严谨的诗歌、诗词的生成任务极具挑战性。在自然语言处理与人工智能长足发展、深度迭代之下，一些优秀的写作机器人已经晋升为“机器诗人”。2017年5月，微软互联网工程院推出的人工智能机器人——微软写诗少女小冰，出版了历史上第一部由人工智能创作的诗集——《阳光失了玻璃窗》；2019年，又出版了首部由人工智能与200位人类诗人联合创作的诗集《花是绿水的沉默》。至此，诗歌创作已不再只是人类的专利，华为推出的人工智能作诗系统——“乐府作诗”，更是生成了在韵律、体例格式等方面更为严谨的唐诗、宋词，甚至藏头诗。2017年，清华大学的诗歌自动生成系统——

"九歌"，参加了一个名为《机智过人》的科技类挑战类节目，并在录制过程中成功通过了现场观众的图灵测试。

卢浦斜晖里，西楼醉客行。

影侵双塔晚，灯落一城明。

空客还频顾，航灯未可惊。

空留城市夜，月映水帘星。

这首《夜过虹桥机场》，正是"九歌"笔下的诗歌，它打动你了吗？这诗歌遵从的韵律和营造的意境等，能否让你感受到人工智能的文字创作实力与魅力呢？

（三）文本重写

文本重写的目标是将原始的文本改写为另一种风格的文字。主要包括文本风格转换和对话生成两个子主题。文本风格转换是一种在保持句子语义不变的同时转换句子属性风格的方法，如图3-5所示。对话生成旨在根据上下文给出一系列符合逻辑且风格统一的回应文本。以下为文本风格转换的示例：

输入：谢谢。

输出（武侠小说）：多谢之至。

输入：再见。

输出（武侠小说）：别过。

输入：请问您贵姓？

输出（武侠小说）：请教阁下尊姓大名？

文本的风格转换可以有很多不同的情感类型。比如，我们可以把负面的句子转换为正面的句子。我们也可进行更多种类的文本风格迁移，比如轻松和烦躁，男性和女性，年轻人和老人的风格互换（图3–5）。

轻松←→烦躁	
轻松	晚饭后，坐在沙发上看《星球大战》。多么美好的夜晚！
烦躁	晚饭后，坐在电脑旁改报告。真是个糟糕的夜晚！
烦躁	在目的地前50米处收到超速罚单，这并不是我本月想要的开始。
轻松	先理发，然后吃一顿大餐，这是我本月想要的开始。
男性←→女性	
男	我得说胡子让你看起来像维京人……
女	我得说头发让你看起来像美人鱼……
女	好久不见，你越来越漂亮了！
男	好久不见，你怎么又胖了！
年龄18～24←→65+	
18～24	这首歌真好听，让我单曲循环一万遍。
65+	这首歌真好听，让我想起了年轻的时候。
65+	新手机出了，我的老款还挺好用的。
18～24	新手机出了，又要吃方便面了。

图3–5　不同风格的文本转换

三、对照数据做报告——数据到文本生成

数据到文本生成是指根据数值型的输入数据生成文本的任务。任务的输入数据包括记录表、物理系统模拟信号和电子表格，任务的输出是自然语言文本。图3–6给出了一个示例，该示例左侧为一个体育广播数据集，按时间顺序排列了足球事件（如传球、得分等），右侧为输出文本。

传球：（蓝队6号，蓝队2号）
射门：（蓝队3号）
误传：（蓝队3号，红队9号）
犯规：（红队7号）

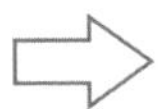

蓝队3号传球失误，
红队9号拿到了球。

图3-6　数据到文本生成示例

以数据为重要关键词甚至核心词的新闻文本自动生成，是目前数据到文本生成的重要应用场景，常用在具有一定周期性的、大家普遍能理解的以数据为重要报道内容的新闻事件中，例如每日股市、国债的开收盘数据，或者当天突破的整数关口，上市公司发布的年报、季报，甚至重要体育赛事的比分结果等，都可以通过数据到文本的方式自动生成新闻稿。

2015年11月7日，一位特殊的新同事与新华社的编辑记者们一同庆祝新华社84岁生日，他就是“快笔小新”——新华社的第一位机器人记者。“快笔小新”入职后，经历了两年多的高强度培训、开发迭代，逐步肩负起了上述以数据为重要报道内容的新闻事件“写稿”报道工作。“快笔小新”可以根据发布的

数据信息，全天候、不间断地快速生成新闻稿件，在相关编辑人员对自动生成稿件进行必要的核对后，便发布新闻稿。

这些系统专注于向用户传播信息，虽然在其产生的文本质量、种类、商业可行性和基础方法的复杂性方面存在很大差异，但都是数据到文本生成的例子。

自动生成文本适用于没有大量受众的应用场景。足球联赛决赛的报道很少使用自动生成，因为会有业内最好的记者报道比赛。然而，也存在一些小众的比赛缺少媒体关注。通常，这些比赛的所有体育统计数据（参赛球员、得分纪录等）都会被记录下来，但这些统计数据很少被体育记者报道。通过自动生成技术来发布这些比赛的体育报告可以为小众群体提供新闻信息。

数据到文本生成技术为特定读者定制文本的需求铺平了道路。例如，病人监护系统的数据可以转换为不同的文本，这些文本会根据预期读者是医生、护士还是亲属来运用不同的技术细节和解释语言。我们还可以为不同球队的球迷生成定制化的体育报道。胜利球队觉得获胜是合作与努力的结果，但从失利球队的角度来看，无论客观原因是什么，那只是对手的幸运。人类记者通常为节省时间成本仅为一场体育比赛撰写报道。但如果使用计算机生成文本，读者可以收到为他们定制的新闻报道。

四、看图说话也在行——图像到文本生成

每天，我们都会看到大量来自互联网、移动端App、新闻以及广告等各种来源的图像，图像已经成为现代人类社会中必不可少的重要信息。随着互联网存储技术和计算机运算能力的飞速发展，图像信息的数量正在呈现爆炸式的增长，因此，学会“看”图片，并将视觉内容转化成文本内容“说”出来，成了计算机的必修课。计算机用自然语言把图像中的视觉信息描述出来，这种看图说话的能力被称为图像字幕生成任务。图像字幕生成任务具有广泛的应用场景，它可以用于众多领域的图像检索，包括生物医学、教育、军事、商业、数字图书馆、网页检索等。大型的社交媒体平台已经可以从图片中生成描述。描述内容包括我们在哪里（如海滩、教室），我们穿什么，以及我们在那里做什么（图3–7）。图像字幕任务不仅成为自然语言处理领域科学家们的研究重点，也成为计算机视觉领域的科学家们的研究焦点，促进了两个领域研究人员的有效协同。

图像中的信息非常丰富，用户感兴趣的内容是什么？用户希望得到的描述是详细的还是简洁的？为图像生成字幕描述时，我们希望描述的内容符合人类看图的方式，并且描述细节根据需求可控。图3–8向我们展示了用不同长度的文字描述同一幅图片。仔细对比一下描述，你会发现，计算机太棒了，其生成的文字准确地捕捉到了图片中的关键事物。当你需要更多细节的时候，它

也能描述背景或者更多的细节，包括物体的位置、关系等，但句子长度过长时，它有时也会产生废话或不那么准确的表达，如长度4的描述。

A man on a surfboard is riding a wave.

冲浪板上的人正在冲浪。

A bunch of oranges on a plate.

盘子里有一盘橘子。

A dog carrying a yellow frisbee.

一只叼着黄色飞盘的狗。

A baseball player is sliding to a base while another player is trying to catch it in the air.

一名棒球运动员正滑到一个垒上，而另一名球员正试图在空中接住它。

A white plate with a cut in half sandwich on it and a spoon sitting on top of it.

一个白色盘子上面有一个切成两半的三明治和一把勺子。

A dog is sitting on the floor watching a dog on a flat screen television.

一只狗坐在地板上看平板电视上的狗。

图3-7　图像字幕示例

注：以上英文文本为算法自动生成，中文为机器翻译结果，表述可能存在语法错误。

对照	A couple of men standing on top of a snow covered slope. 两个男人站在一个被雪覆盖的斜坡上。
长度1	Two people on skis in the snow. 两个人在雪地里滑雪。
长度2	a couple of people standing on top of a snow covered slope. 几个人站在一个被雪覆盖的斜坡上。
长度3	Two people standing on skis on top of a snow covered ski slope. 两个人站在雪覆盖的滑雪坡顶上的滑雪板上。
长度4	Two people standing on skis on a snowy mountain top with a ski liftin the background. 两个人站在雪山顶上的滑雪板上，背景是一块滑雪板。

对照	An old rusted out truck sitting in a field of flowers. 一辆锈迹斑斑的旧卡车停在一片花丛中。
长度1	An old rusty truck is sitting in a field. 一辆锈迹斑斑的旧卡车停在田里。
长度2	A rusted out truck sitting in a field of flowers. 一辆锈迹斑斑的卡车停在一片花丛中。
长度3	A rusted out truck sitting in a field of wildflowers. 一辆锈迹斑斑的卡车停在野花丛中。
长度4	A rusted out truck sitting in a field of wildflowers next to a bunch of trees. 一辆锈迹斑斑的卡车停在一片野花地里，旁边是一堆树。

图3-8　可变长度的图像字幕

注：以上英文文本为算法自动生成，中文为机器翻译结果，表述可能存在语法错误。

第四章

自然语言处理应用：就业上岗样样精

自然语言处理支持计算机以智能和高效的方式分析、理解自然语言，并从中获取信息，提供总结、预测、决策支持等功能。这远远超出了实现人机对话的目标。事实上，自然语言处理算法已经无处不在。从搜索、在线翻译、拼写检查、垃圾邮件过滤等日常小工具，到智能客服、舆情监控、行业智库等专业应用系统，自然语言处理的技术应用伴随着我们每一天的生活和工作。本章将从中介绍几个有代表性的应用场景。

一、语言沟通无国界——机器翻译

自然语言处理最早的典型应用之一是机器翻译。无论你是从国际资源中查询一些信息（例如，一个不熟悉的术语或新闻报道的内容），还是试图与国际旅途中遇到的陌生人交流，或是学习一门外语，在实践中你都可能使用到机器翻译。

（一）机器翻译及其特点

机器翻译是在无人工参与的情况下，将文本从一种语言自动翻译成另一种语言的过程。尽管机器翻译的概念和使用界面相对简单，但其背后的科学技术是极其复杂的。机器翻译汇集了自然语言处理及其相关的多种前沿技术，例如深度学习、大数据、云计算、语言学等。现代机器翻译不仅可以进行简单的词对词翻译，还能以目标语言传达原始语言文本的全部含义。它可以分析所有文本元素并识别单词间如何相互影响。借助机器翻译服务，人工翻译人员可以更快、更高效地进行翻译。下面列举了机器翻译的一些优势：

（1）翻译辅助。机器翻译为专业的人工翻译提供了一个很好的基点。翻译系统会将一个或多个机器翻译模型集成到其工作流程中。它们先通过自动翻译得到一个初步的翻译版本，然后将其发送给工作人员进行人工后期编辑。

（2）高效翻译。机器翻译的速度非常快，几乎可以瞬间翻译数百万个单词。除此之外，机器翻译还可以完成翻译数据量很大的工作，例如实时聊天或大规模文件处理。

（3）多语言选择。许多主流的机器翻译程序可支持50～100多种语言，还可以同时针对多种语言提供翻译服务，这对于全球产品推广和文档更新很有用。

（4）经济高效。机器翻译具有较高生产力和快速交付翻译的能力，可以缩短产品上市时间。由于机器翻译可提供基础且有价值的翻译，因此，可减少翻译过程中人工参与的部分，从而达到降低交付成本和减少翻译时间的目的。如果将机器翻译与内容管理系统集成，将内容翻译成不同语言之后，就可以同步发布到多语言平台。

（二）机器翻译技术沿革

机器翻译始于20世纪50年代。早期开发人员使用语言的统计数据库“教”计算机翻译文本。然而，这项任务的复杂性远远超出了早期计算机科学家预先的估计，它所需的对巨大数据的处理能力和存储能力，也远远超出了早期机器的处理能力。而且对计算机的培训过程需要大量的人工劳动，每增加一种语言都需要针对该语言重新开发机器翻译系统。

20世纪90年代左右，基于统计的机器翻译取代了传统的基于规则的方法。但基于统计的机器翻译算法不是为每种语言对制定专门的规则，而是从两种语言的大量平行数据中学习。也就是说，一种语言中的短语映射到另一种语言的翻译短语的数据（如英语中的“java language”映射为中文中的“Java语言”）。这种映射的平行数据被视为算法学习的训练数据，在英语文本中出现大量此类短语后，算法很有可能学会：当Java和language一起出现时，Java就代表语言的名字，不是地名，也不是咖啡。由于这种方法不依赖词典或语法规则，可以依赖于给定单词周围的上下文，因此，它成为最佳的短语翻译方法。

2016年，谷歌实验团队对神经网络学习模型在翻译引擎中的应用进行了一系列尝试和实验。实验很成功，这个模型被证明在许多语言翻译中都非常快速、有效。更重要的是，它能在使用的过程中持续“学习”，不断提高翻译质量。谷歌迅速改变了其翻译引擎的技术路线，将神经网络作为其主要的开发模式，并成为在线翻译服务提供商行列的佼佼者。其他包括微软和亚马逊在内的主要在线翻译服务商也很快效仿。现在，基于神经网络的机器翻译在互联网已经普及。

当前，两个主流的翻译技术包括基于统计的机器翻译和基于神经网络的机器翻译，它们有个共同的特点，就是都需要大量已有人工翻译的内容，翻译样本的数量达到百万级别，甚至更多。基于统计的翻译方法对这些样本进行统计分析，基于神经网络的翻译方法则用作训练数据集来训练系统。显然，这种并行数据的可用性对于算法的学习至关重要，现在网络上有大量可用的文本信息，而且许多网站有多种语言版本，由此而创建的“平行语料库”在很大程度上充当了现代罗塞塔石碑[①]，为许多语言对提供了上下文中的词语、短语和习语翻译。

神经网络已成为机器翻译技术的核心。然而，任何类型的机器翻译系统都有其优势和缺陷。在神经网络机器翻译中，短句仍然不够准确，而统计机器翻译在这方面往往会达到更高的准确性。为了进一步提高机器翻译质量，现有的机器翻译系统会普遍采用混合机器翻译，结合两种翻译技术以获得更好的翻译表现。

（三）机器翻译质量

机器翻译越来越流行，但翻译服务的质量并不总是符合我们的需求和期待。大多数情况下，人类语言专业人员会负责机器翻译后的编辑加工，以确保翻译结果自然，且符合目标受众的本土习俗。

总体上，我们知道翻译的质量随着技术的发展在不断提高（图4-1），但具体如何评价现在的机器翻译质量呢？这要考虑到翻译的复杂性，并取决于语言对和使用环境。

① 罗塞塔石碑：制作于公元前196年，石碑上用希腊文字、古埃及文字和当时的通俗体文字刻了古埃及国王托勒密五世登基的诏书，这使得近代的考古学家得以有机会对照各语言版本的内容后，解读出已经失传千余年的埃及象形文字之意义与结构，成为今日研究古埃及历史的重要资料。

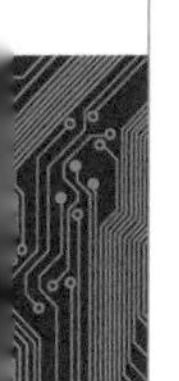

2021年的一项研究发现，谷歌机器翻译能够为患者翻译医疗诊断，西班牙语的翻译准确率为94%，韩语的为82.5%[18]。虽然这些数据看起来还不错，但机器翻译在临床环境中的表现仍然不够好，因为医疗翻译中的错误带来的风险更大，可能会伤害患者。

尽管机器翻译质量无法与人工翻译相比，但它在合适的环境下有许多实际应用。这也是机器翻译行业发展如此迅速的原因之一。

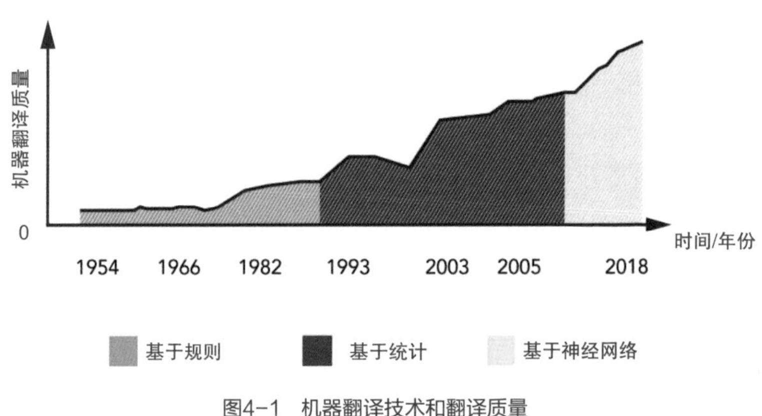

图4-1　机器翻译技术和翻译质量

二、网络冲浪小助手——文本检索

让我们再来看另一个非常熟悉的场景：你正在电脑里查找与特定事件或产品相关的所有工作文档，例如，你想找到所有提到“自然语言处理”的文档，或者你可能正打算通过搜索引擎获得一些帮助来解决“自然语言处理”的问题，如图4-2所示。这些应用场景在技术上都属于文本检索的任务实例。上述任务是如何被完成的？它将通过以下步骤来实现。

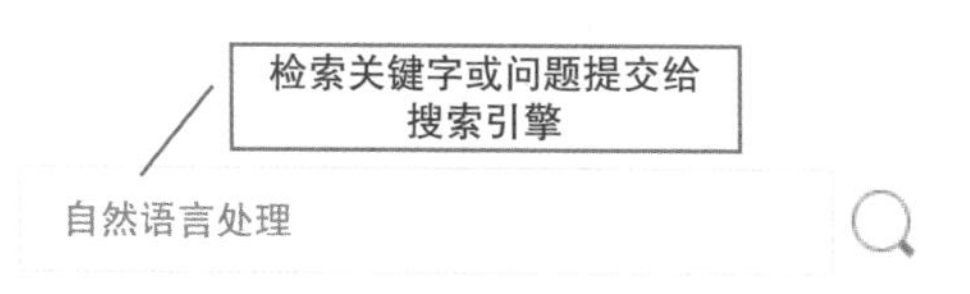

图4-2 信息检索

提交你的“查询”，即需要包含查找关键字或待回答的问题。搜索引擎会向你返回一组与查询关键字相关的文本或者问题的答案，并提供相关的信息。具体来说，如果在线搜索“自然语言处理”主题的文档，它将按相关性顺序列出这些文档。如果在线搜索“自然语言处理平台”，搜索引擎将提供讨论此类平台或开发工具的网站的有序列表。

“相关性”或者“顺序”在这里至关重要——顺序也是以相关性为度量进行排序的。搜索结果可能包含成百上千个结果页面，甚至更多，网站列表通常从最相关的网站开始。在文件系统中找到的文档通常也会按其相关性排序，因此，我们可以在几秒钟内找到所需的内容。计算机如何知道哪些是包含答案的文档，又如何知道以什么顺序显示结果？这是文本检索要解决的两个主要问题。

第一个问题似乎很简单：我们查找包含“自然语言处理”的所有文档，而对其他文档不感兴趣。这是一个简单的文档筛选过程，如图4-3所示。

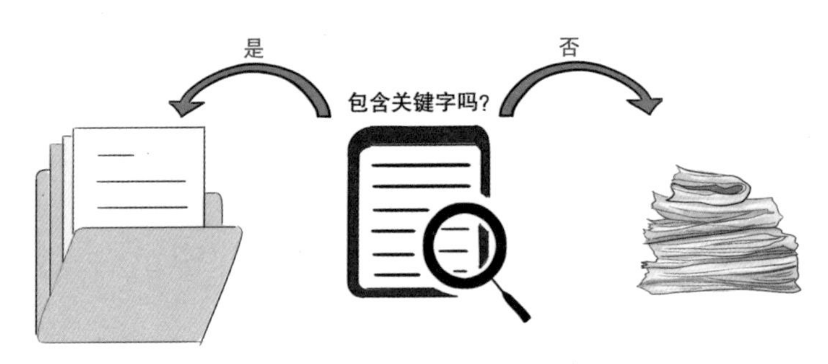

图4-3　基于关键字匹配的检索

还记得“独热”模型、词袋模型那些文本表示吗？计算机只需要找到词语“自然语言处理”所对应位置不为“0”的那些文档向量，就能找出所有包含这个词的文档。如果同时包含两个或两个以上的关键字怎么办？找到在这些词语对应位置都不为“0”或者任一位置不为“0”的文档向量。如果想让这个查询更强大一点，比如支持模糊查询，就是关键字不用严格匹配，比如包含“自然语言”的文档都可以显示出来，那我们可以先生成“自然语言处理”的相关词语，比如“自然语言”“语言处理”……然后用类似多关键字的方式进行查找。如果用户输入的是个句子形式的问题怎么办？用自然语言理解中的工具，找到问题中的关键词语，问题查询被转换为多关键字的检索。比如“自然语言处理的发明者是谁”（图4-4），用“自然语言处理”“发明者”“谁”3个关键字进行检索会得到相似的答案。

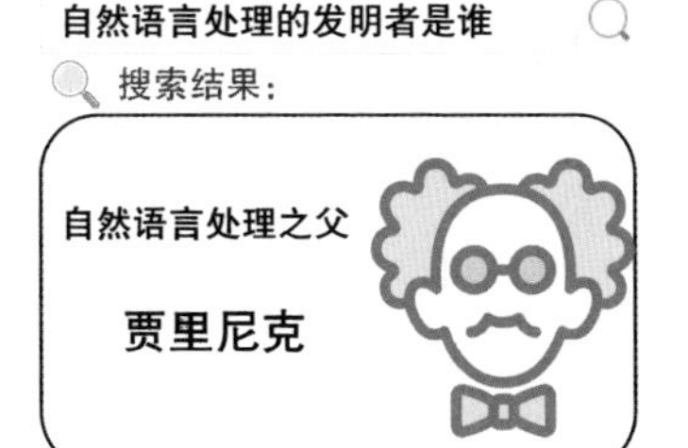

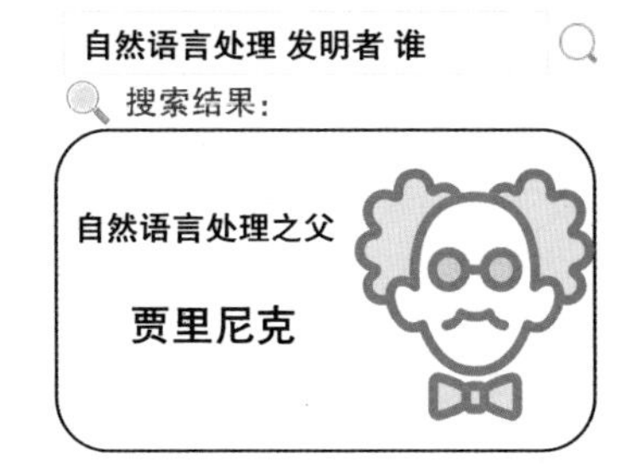

图4-4 问题检索和多关键字检索的比较

当然，让计算机理解我们的问题并没有这么简单，从海量文档中逐一匹配关键字的时间比较长。当前的搜索引擎使用更高效和准确的自然语言理解方法，以便更精准地猜测和描述我们想要查找的是什么，还有更高效的文本表示模型及检索方法，都大大提高了海量文本中的检索效率。

再来看看第二个问题，我们想知道计算机如何评估文档的相关性，并可以量化计算后根据相关性度量进行排序。让我们用词袋模型来看看计算机是怎么做到的。

基于文本的词袋模型向量表示，所有的文档都可以被投影到一个多维的向量空间中，空间的维度等于向量的长度。那么每一个文档是该空间中的一个点。越相关的文档，它们投影在空间中的点之间的距离越短。

简单起见，我们假定词典库只有“自然语言处理”和“发明者”两个词。那么每个文档是一个二维的向量，所有文档构成了一个二维空间。图4-5中的示例展示了两个文档转换为空间中的点的过程。

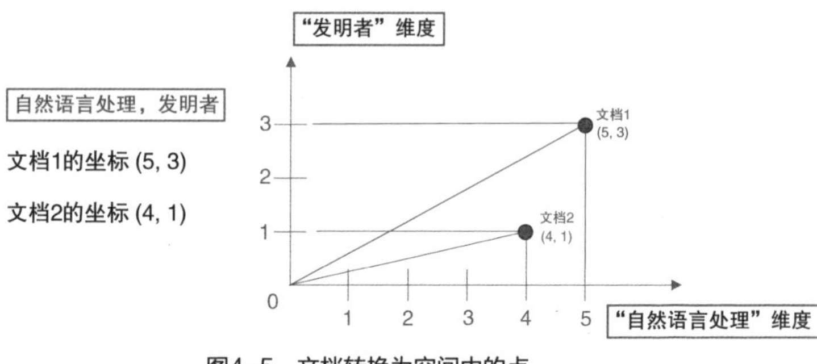

图4-5　文档转换为空间中的点

假设用户的查询是（自然语言处理，发明者），查询可以表示为(1,1)的向量，同样可以投影为空间中坐标为(1,1)的点，那么查询和两个文档的相关度分别用查询点和两个文档点之间的距离来计算（图4-6）。

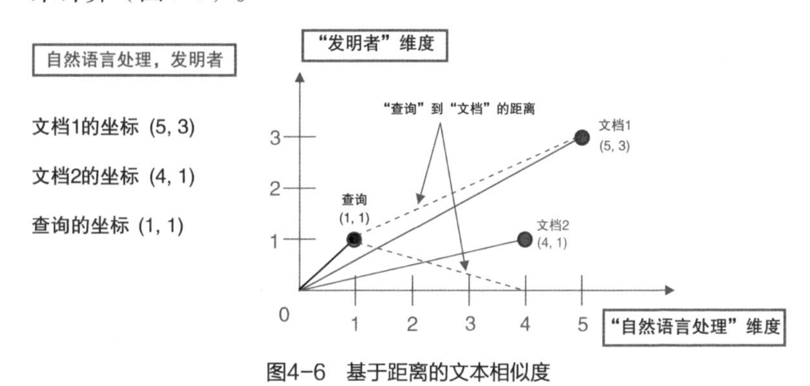

图4-6　基于距离的文本相似度

长文档中每个词语出现的次数可能很多，计数会更高，因此表示文档的向量会变得更长。那么查询和文档的距离也会相应地拉远。但是从语义上来说，相关性不应该随着关键词出现次数的增多而降低。因此，我们继续探索几何空间中可以表达相关性的更合适的度量方式。

目前较为常用的是余弦相似度，通过观测向量之间的角度取代距离的计算。用余弦值作为角度的度量指标，因为它具有一个很好的特性，即当两个向量以较小的角度彼此距离较近时，相似度较高；当两个向量以较大的角度彼此距离较远时，相似度较低。角度为零的余弦值等于1，表示两个向量之间的最大接近度和相似性。这个向量的相似性度量符合文档相关性的分布。

正如图4-7所示，向量之间的角度比长度更为稳定。否则，如果查询重复多次的同一单词，比如查询（发明者，发明者），从信息内容的角度来看，它和（发明者）的查询是一样的，但是两个查询，一个维度坐标值是2，一个维度坐标值是1，在空间中不是同一个点，它们和文档之间的距离也不一样，这在现实中是没有意义的。

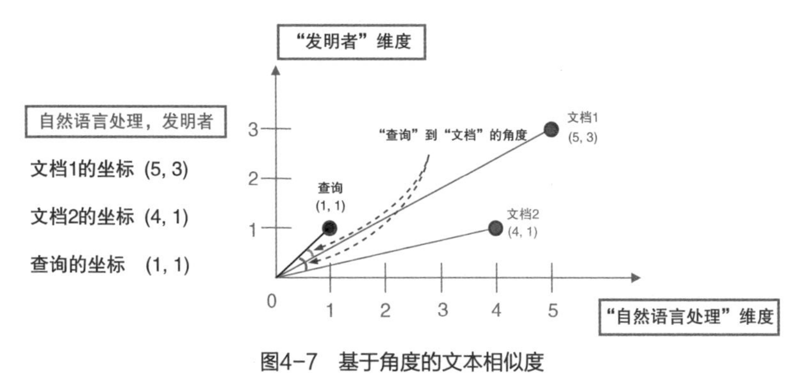

图4-7　基于角度的文本相似度

现在你是否能看到人类"理解"语言和以计算机的方式"理解"语言之间的关键区别？显然，计算机并不能真正理解单词的意思。对于计算机来说，数字化的表示才适合它们。我们用数学形式表示了查询和每个文档，然后找到合适的计算方式让计算机可以“理解”它，比如，上文中的向量和几何计算。

三、答疑聊天不下线——智能对话系统

智能对话系统按照应用场景可分为三类：任务型、闲聊型和问答型。任务型对话系统主要通过识别用户意图、收集必要信息来帮助用户完成任务或操作，如订购机票、开灯、关灯等，常用于智能助手、智能音箱等产品；闲聊型对话系统没有特定的目标，可以在开放域范围内与机器人畅聊，主要用于满足用户的情感需求，例如微软的小冰。目前市场上大部分的智能助手如小米的小爱同学、苹果的Siri等也同时具备闲聊功能；问答型对话系统主要依托于强大的知识库，以知识获取为主要目标，检索并为用户提供所需的信息，如智能客服、智能问答系统等。

（一）问答系统

问答系统是使用预结构化数据库或自然语言文档集合，自动回答人类以自然语言提出的问题的任务。换句话说，问答系统能够接受用户输入自然语言文本进行提问并进行回答是信息检索的高级形式。

伴随着互联网的飞速发展，网络信息量不断增加，人们希望更加精确地获取自己想要的信息。利用传统的搜索引擎技术很难

实现这些高要求，而智能问答技术成为解决这个问题的有效手段。图4-8展示出问答和检索的区别。文本检索可以根据我们的问题找到一组相关的文档，并根据相关性对文档进行排序。问题的答案需要用户自己去找，检索只是提高我们找到答案的效率。而问答系统找出文档后，还会从页面中提取相关信息，并最终给出确定的答案（图4-8）。

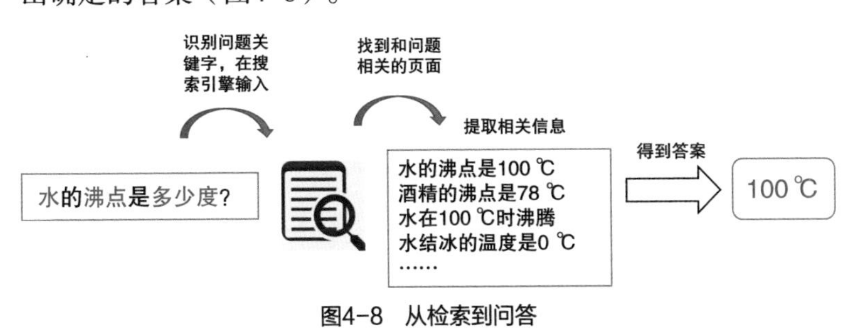

图4-8　从检索到问答

从上面的例子可以看出，在问答系统中，计算机需要更了解自然语言。为了回答问题，计算机除了识别关键字“水”“沸点”和“多少度”之外，还要了解词语之间的关系以及每个词语所扮演的角色。例如，这个问题问的是温度，这个温度与水有关，是水在沸腾时候的温度。词性标注工具和句法分析工具在问题理解过程中发挥着至关重要的作用。在应用一系列自然语言处理步骤后，计算机能够选出正确答案是“100℃”，而不是“0℃”或“78℃”。和传统搜索引擎相比，问答系统可以更有效地为用户解决问题。

按照处理过程，问答系统分为三个模块，即问题处理、文档处理和答案处理。

问题处理模块用于用户的输入，即对自然语言中的问题进行

分析和分类。分析就是为了确定问题的类型，即问题的焦点，这是避免答案含糊不清的必要条件。问题分类有两种主要方式：手动和自动。手动分类通常按照手动规则来识别预期答案的类型。比如，将问题类型分为什么、谁、如何、在哪里、为什么等。这些规则定义很明确，有助于更好地检测出答案，但它们通常不易于扩展，能回答的问题类型总是限定的。相比之下，自动分类可以接受新的问题类型。

问题也可以通过预期答案的类型来定义。类型包括事实、列表、定义和复杂问题。事实类型问题是指询问一个简单的事实，并可以用简单的话语回答的问题。例如，从地球到火星有多远？列表类型问题根据问题要求，给出满足要求的一组实体的答案。例如，广州到深圳的高铁有哪几趟？定义类型问题期望得到一个总结或简短的回答。再比如，光合作用是如何工作的？复杂类型问题是关于上下文信息的问题。通常，答案是对检索到的段落的合并，这些合并需要使用算法实现，比如前面讲到的自然语言生成技术。

文档处理模块的主要功能是根据问题的重点或文本理解选择一组相关文档，并提取一组段落。文档的来源通常包括：万维网网页的子集、汇编的新闻通讯报道、内部组织文件和网页、一组维基百科页面、指定的文档集合等。这个任务生成的数据集，为答案提取提供数据源。

答案处理是问答系统中最具挑战性的任务，这个模块对文档处理模块的结果通过提取技术来生成答案。答案可能是简单的，也可能需要合并不同来源的信息并对其进行总结。

（二）智能助手

如今，越来越多的智能语音助手进入大众的生活当中，不论是手机上的Siri、小艺，还是智能家居里的小爱同学、天猫精灵，都给人们的生活带来许多便利。通过一句简单的指令“帮我定一个明天早上9点半的闹钟”，智能助手就能迅速理解你的想法，并帮你完成设定闹钟的操作。

智能助手的实现主要通过两个步骤：意图识别和槽位填充。如图4-9所示，首先通过意图识别，判断用户想要做什么。通常，智能助手能够执行的任务都是预设好的，因此这个阶段就是一个文本分类问题，通过自然语言理解技术来识别用户的指令属于哪一类任务。然后，利用信息抽取技术收集完成该任务所必需的信息，如设定闹钟需要收集“时间”，订购机票需要收集“出发地”“目的地”和“日期”，从用户的话语中抽取出这些关键信息并填入槽位，这个阶段就称为槽位填充。

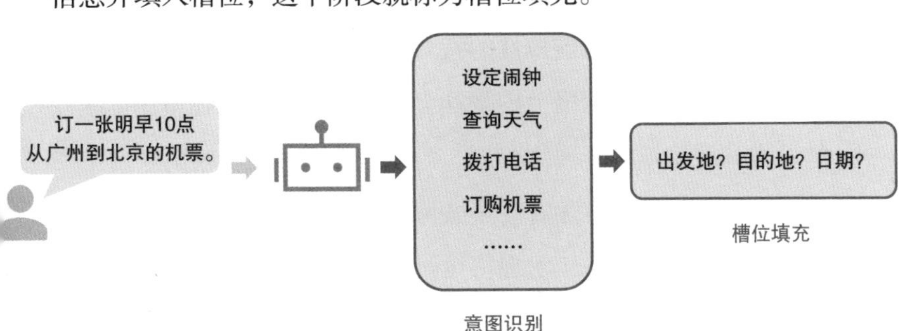

图4-9　智能助手的处理过程

目前市面上大部分任务型智能语音助手还具有聊天功能，即融合了闲聊型对话系统。如果对一个具备聊天功能的智能助手说

"我最近心情不好"，它就会与你谈心交流"你还有我，遇到什么事情了吗"，而不是回复"找不到该指令"。开放域对话最简单的实现方式就是利用文本匹配技术，从庞大的对话语料库中检索出最合适的回答，并返回给用户。若想得到更灵活多样的回答，就要用到第三章所介绍的自然语言生成技术，即根据用户的对话，直接生成机器人的回答。

对话任务是自然语言处理的顶层任务之一，往往需要同时使用多种不同的自然语言处理技术。从上面的示例可以看出，要实现对话系统，需要使用文本分类、自然语言理解、信息抽取、自然语言生成等诸多自然语言处理子任务的技术，甚至还需要结合知识图谱，引入外部知识。

四、互联动态全在握——舆情分析

互联网开放性、虚拟性的特点使个人观点输出达到了前所未有的热度。公众在网络上围绕社会事件的发生、发展和变化进行的发文和评论形成了网络舆论。当前最活跃的观点输出平台主要是社交网站和微博。随着海量微博信息的不断产生，如何挖掘这些数据并分析和传播，实现持续跟踪敏感信息，判断舆论趋势热点话题，成为重要的研究方向和挑战。大数据下的网络舆情分析已成为当前政府和研究机构重点关注的问题。图4-10总结了舆情分析对政府解决重要问题的帮助。

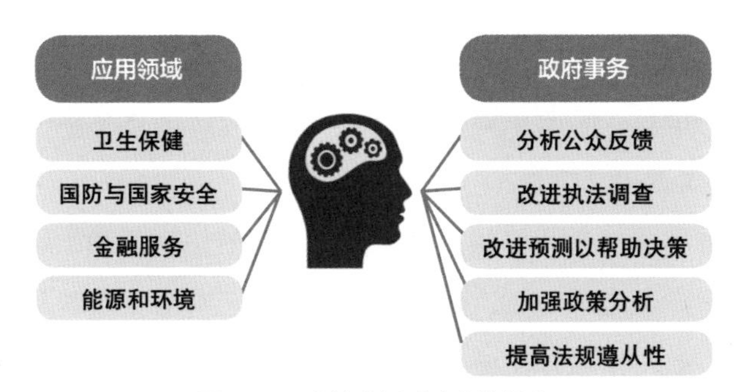

图4-10　舆情分析对政府的帮助

1. 分析公众反馈

无论是在各级政府网站或者客户端小程序写下投诉或建议、在电子口岸系统咨询外贸业务，还是在社交媒体上发布不满的言论等，公众的反馈都有助于政府机构了解公民和企业的担忧，更好地为公众服务。自然语言处理可以分析反馈，特别是在处理非结构化内容时，可以比人类更有效。如今，许多组织都在借助情绪分析，分析消费者在社交媒体上的反应。

很多数据和媒体公司运用自然语言处理分析互联网上千万条甚至更多的评论信息，其中一个重要的挑战是筛选回复，将真实评论与机器人生成的虚假评论区分开来。是的，自然语言生成技术也可能被用于生成虚假评论。为了辨别真假，利用自然语言处理技术对评论进行聚类，将句子和段落结构中有相似之处的评论聚合在一起，辨识它们是否从同一个模板或结构生成而来。

自然语言处理还可以帮助政府与市民接触，并为他们的问题提供答案。广州市区级政府网站上线的智能应答机器人“小粤”，利用自然语言处理，即时回答各类业务查询、咨询并提供在线办事服务。对于涉及多个回答选项或指向性不够明显的问题，“小粤”会提出具有选择性的问题，通过市民进一步表述问题、提供信息，找到更能契合问题的答案。

2. 改进执法调查

越来越多的政府机构正在使用基于自然语言处理的解决方案来改进重点领域的调查，如推进辅助执法、搜集情报等。国内一些卫生监督执法机构以及港口（口岸）管理部门，分别应用自然语言处理，试点开展卫生监督执法数据或港口信息的智能检索，以及与相关法律法规文本的匹配计算，通过提高检索、判别效率，及时发现异常情况。

3. 改进预测以帮助决策

自然语言处理最显著的特点之一是它能够促进更好的预测，这可以帮助机构制订先发制人的措施。美国部分警察局在打击犯罪中使用自然语言处理技术，使警察能够直观地观察犯罪活动的模式和相互关系，并识别犯罪率高的地理位置，从而能够更快地进行干预，有效降低了犯罪率。

自然语言处理也被用来打击人口贩卖。据国际劳工组织2022年的《现代形式奴隶制全球估计》报告，截至2021年，世界上大约有5 000万人身陷“现代奴隶制”，他们多是人口贩卖的受害者。海外地区某些就业的广告以高额工资为诱饵，实为拐卖劳工。自然语言处理助力情报系统，通过监控在线广告，分析其中可疑内容并建立信息线索，识别受害者和贩运者的关键行为。一旦找到受害者，就可以从公共信息中收集他们被剥削的证据。这些信息可用于帮助打击个人贩卖者，甚至捣毁从事人口贩卖的犯罪组织。

4. 加强政策分析

世界银行贫困与公平全球实践局通过研究1819年至2016年10个拉丁美洲国家和西班牙发表的总统演讲，利用主题模型衡量政策优先事项的变化。通过主题模型，可以确定每个文件的主要主题，并指出不同国家和不同时期其重要性的变化。例如，在秘鲁，基础设施和公共服务专题的重要性随着时间的推移而减弱。借助主题建模，能够为每个国家建立政策波动与长期增长之间的相关性。

5. 提高法规遵从性

自然语言处理可以促使公众更严格地遵守法规。2022年5月26日，全国信息安全标准化技术委员会发布推荐性国家标准《信息安全技术 互联网平台及产品服务隐私协议要求（征求意见稿）》，面向社会公开征求意见。为响应国家政策，目前各大互联网应用、移动应用都推出或者更新了产品隐私保护条例。今天，每个人都知道隐私政策很重要，它应该成为每一项在线应用的一部分。然而，这些文档并不总是能够满足设定的目标，互联网用户很难仔细阅读和审阅每一项条款。自然语言处理可以帮助互联网用户了解他们在在线隐私政策中真正阅读的内容，比如从隐私策略中提取关键的隐私策略，以易于理解的格式向用户呈现，使他们能够在与各种网站和在线服务交互时，做出更明智的隐私决策。

五、听说读写全能王——语音识别和生成

除了文字，语音也是我们主要的语言交流方式。在自然语言处理中，我们通过语音识别技术（automatic speech recognition，ASR）将语音转换为文本，再基于文本数据进行语言理解。对于计算机处理的结果，我们通过语音合成技术（text to speech，TTS）将文本转化为语音（声学的波形），从而实现计算机听和说的功能。将语音识别和语音合成分别连接到一个基于文本的自然语言处理任务流程的两端，就能将这个任务转换为支持语音输入和输出的应用（图4–11）。

语音识别与合成系统几乎遍及所有行业，它的商业价值巨大，可以对行业内公司的前景产生直接影响。

（1）教育行业。教育机构越来越多地使用语音系统来帮助学习困难和识字水平低的人。比如让听力障碍者能够听到与普通人相同的内容，让孩子在还不识字的时候能够听机器人讲故事，甚至是听机器人用妈妈的声音讲故事。

（2）金融和通信业。金融业和通信行业是最早采用语音人工智能技术的行业之一，主要用于客户服务。语音系统可以为他们完成大部分客户服务需求，不仅为客户提供了更快的响应速度，也为客户提供了更安全的服务方式。客户不用担心在查询时账户信息被工作人员掌握。

（3）旅游业。旅游业最大的障碍之一就是语言，即便是在

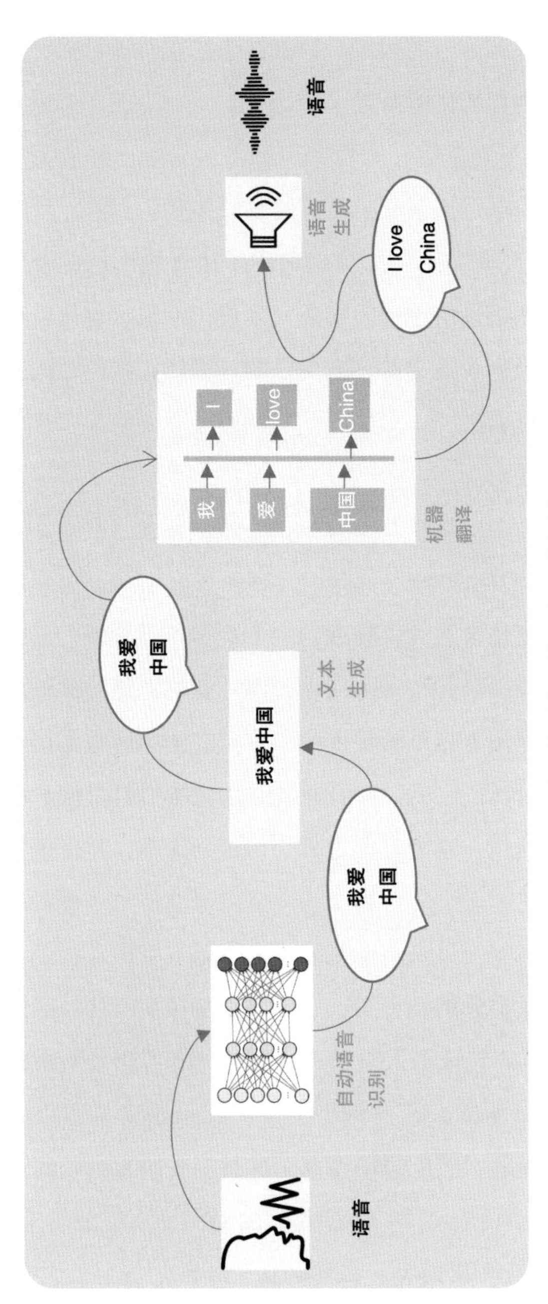

图4-11 基于语音识别和语音生成的翻译流程

国内旅行同样有方言的困扰。语音结合机器翻译可以完美地搭建不同语言使用者沟通的桥梁。

（4）汽车制造业。语音命令和语音导航已经成为智能汽车的标准配置，给司机带来了更好的驾驶体验。

（5）新闻业。新闻媒体也应用了语音技术。记者可以使用语音识别快速将采访录音转换成文本进行编辑，也可以将他们的文稿快速转换为音频文件，减少录制音频所花费的时间。国际新闻媒体还可以通过“一键翻译”功能将文章转换为多种语言来获得更广泛的受众。

（一）语音识别

语音识别是自然语言处理的一个跨学科子领域，通过机器自动识别、翻译口语并转录为文本，使计算机听懂自然语言成为可能。语音识别用麦克风捕捉人声，难点在于如何根据语音、语调和口音进行分析。之后，将音频转录为文本进行呈现和存储，供计算机后续使用。这个过程也称为语音到文本，是促进更好通信的重要桥梁。

早在1952年，贝尔实验室就推出了第一个语音识别系统“奥黛丽”。当人类分别发音时，它能够识别数字0到9，准确率超过90%。这台机器转录了人类的声音，它标志着语音听写的开始。1962年，IBM发布了第一个语音助手Shoebox。它可以听懂简单的口头数学问题，然后当场计算，这是响应语音命令的雏形。

现代自动语音识别系统主要由4个组件组成：信号处理和特征提取、声学模型（acoustic model，AM）、语言模型

（language model，LM）和解码生成。

信号处理和特征提取以音频信号作为输入，并将其从时域信息（以时间轴为坐标表示动态信号）转换为适用于声学模型的频域信息（以频率轴为坐标表示动态信号）。从频域图可以看到，频域信息可以直接得到频率和振幅（图4-12）。

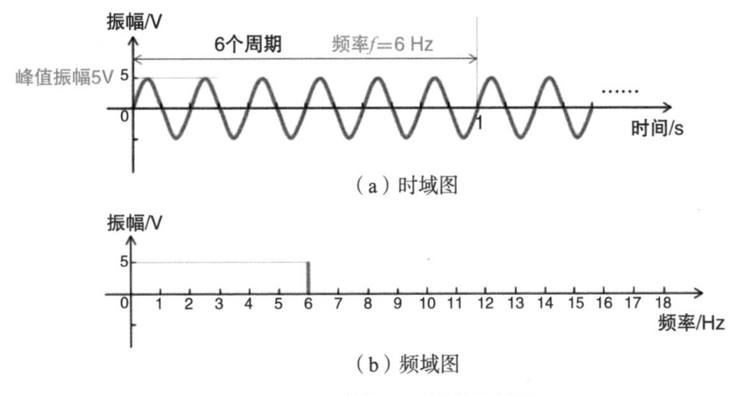

（a）时域图

（b）频域图

图4-12　时域图和对应的频域图

声学模型利用频域信息创建模型，以了解不同类型的语音之间的差异——不同的语言、不同的说话人、不同的话语、不同类型的噪声，以及沉默等。

语言模型利用声学模型提供的信息，将其转录成有意义且准确的文本，就像人类在理解所听内容时经历的那样。除了理解音频输入之外，语言模型还需要理解语句中语言的语法和句法、不同词语之间的语义关系等。

解码生成使用声学模型、语言模型和词典的综合信息来解码信号（图4-13）。解码过程需要搜索信号的可替代转录文本，以便找到最可能的转录。解码算法可以使用不同的策略来计算文本输出，策略的选择取决于我们使用的语言模型的类型。解码过程中，语音到文本的对齐是非常重要的步骤。

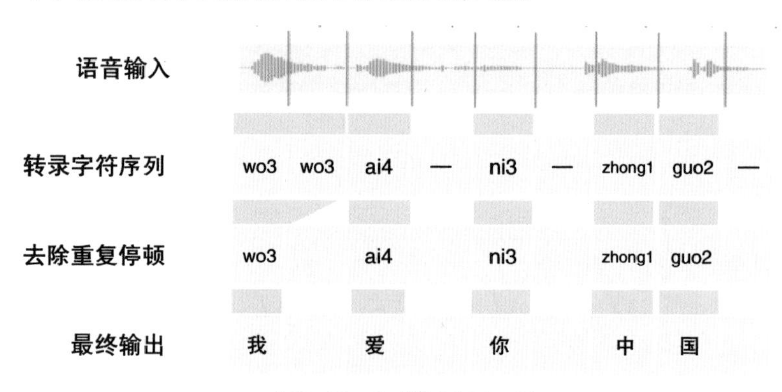

图4-13 自动语音识别示例

（二）语音合成

语音合成，也称为文本到语音，和自动语音识别相反，它的目的是从文本合成可理解的自然语音。开发TTS系统需要涉及多个学科，包括语言学、声学、数字信号处理和机器学习。许多人工智能系统使用语音命令和文本到语音软件来回答口头请求。例如，电话客服机器人就使用了语音合成，另一个被广泛使用的场景是语音导航。目前国内大多导航服务商家提供的导航软件都已经支持全程语音播报，解放了驾驶者的双手和双眼，使其更专注于安全驾驶。播报的内容除了指示路线外，还有交通规则提示、驾驶风险提示、沿途相关信息等。

典型的语音合成系统（图4-14）由前端和后端两部分组成，前端属于语言学分析，后端属于语音信号处理。

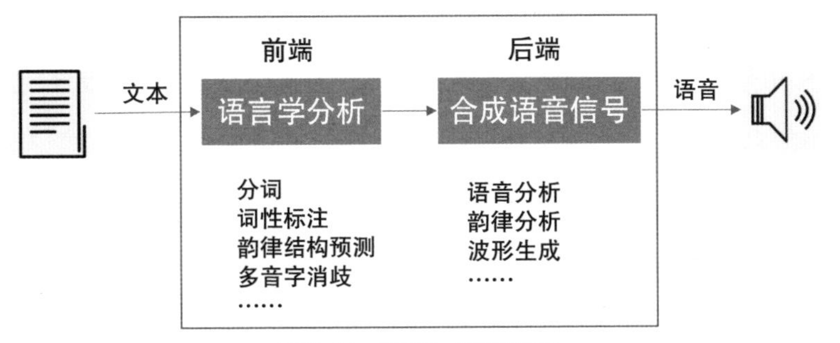

图4-14　语音合成系统结构

对于已经进行过分析处理的语言文本，语音的合成将通过语音分析、韵律分析、波形生成几个步骤完成。语音分析通过查找发音词典，找到每一个词语的发音。对于找不到的词语，也会通过各种方法给出最可能的发音。然而，如果只是简单地将词语的发音拼凑起来，那么我们一听就知道是“机器人说话”，这无法满足现代应用的真实度需求。所以我们要对语言进行韵律分析，也就是对语言声调、节奏、词汇间延时等进行分析，还有不同句式的语气、音调，比如英语中陈述句句尾用降调，疑问句句尾用升调。韵律分析还包括标识话语中要着重表达的词语，更进一步地，可以表现出说话人的喜怒哀乐等情感。在各种韵律分析的加持下，语言分析的最终结果输入语音合成器系统后输出声波。我们听到的话语已经越来越真实，在一些真人听音测试中甚至让人分辨不出是否为语音合成的。

语音合成研究中还有个非常有趣的部分——语音风格转换。同样的文字内容，怎么能让语音合成器分别用男声和女声播报出来？怎么用老人或儿童的声音播报出来？怎么用妈妈的声音、我喜欢的声音播报出来？如果单纯用基于发音词典的方法来实现语音风格转换，我们需要用不同的声音分别录制完整的语音库，每个声音语音库的创建工作量都巨大，而且庞大的语音库也不利于分享和传输。

如果我们打开某地图的录制语音包功能，会看到四种模式的录制方式，最少只需要录制9句话，最多也只需要录制100句话，就能形成具有个性语言特征的高品质语音库（图4–15）。

图4–15　某地图录制语音包功能菜单

这是怎么做到的呢？语音合成模型可以在提取语音特征之后，将基础语音信号和语音特征进行融合，从而快速生成不同风格的语音信号。语音录制的作用不是创建语音库，而是分析并提取说话者的语音特征（图4–16）。“只需录制9句话”代表着现在的声音特征提取技术水平，通过对指定的9句话进行分析，就可以提取到说话者声音的主要特征。当然，说得越多，可以提取的特征细节就会越丰富，模拟生成的合成音频也会更逼真。

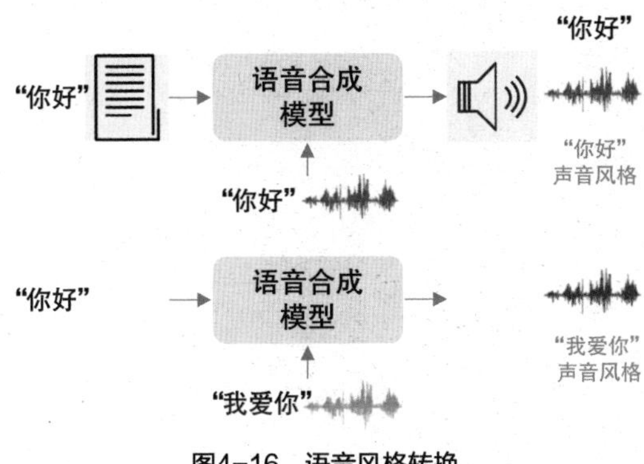

图4-16 语音风格转换

第五章

自然语言处理研究热点：追梦脚步不停歇

一、基于深度学习的自然语言处理技术

以词法、句法、语法分析为核心的文法分析技术在很长一段时间里是自然语言处理研究的主流。自2017年以来，神经网络和深度学习在自然语言处理领域快速崛起，各项语言学习任务取得的效果显著超越传统方法。

（一）基于神经网络的分词

词语形态研究的是词的构成。在中文中，它体现在词的切分上，而在英语语言中则主要体现在形态的分析上。在基于规则和基于统计的机器翻译方法下，词语形态分析是机器翻译首先需要解决的问题。

对于中文而言，词语切分在包括机器翻译在内的中文信息处理中，曾是一个非常令人头痛的问题。因为中文词语不是一个定义很明确的元素，由此导致分词缺乏统一的规范，分词粒度难以把握。

然而语言形态这个问题在神经网络框架下得到了很好的解决。得益于中文文本语料库的巨大规模，神经网络模型可以从在上亿规模的语料库上训练的过程中抽取和总结语言知识。从互联网上爬取的庞大的语料库几乎囊括了各个类型、各种场景不同的句式表达和词语使用方式，极大地提升了神经网络模型的理解能力，使得计算机可以在不同的模型配置下学习到各种粒度的分词

效果（图5-1）[19]。

句子	龙年新春，繁花似锦的深圳处处洋溢着欢乐祥和的气氛。
词级	龙年_新春，繁花似锦_的_深圳_处处_洋溢_着_欢乐_祥和_的_气氛。
字级	龙_年_新_春，繁_花_似_锦_的_深_圳_处_处_洋_溢_着_欢_乐_祥_和_的_气_氛。
字词混合	龙_年_新春，繁_花_似_锦_的_深圳_处处_洋溢_着_欢乐_祥和_的_气氛。
子词级	龙年_新春，繁花_似_锦_的_深圳_处处_洋溢_着_欢乐_祥和_的_气氛。

图5-1　基于神经网络的不同粒度分词[19]

（二）端到端训练

除了分词，神经网络已经被证实可以在自然语言处理的各个任务环节提供技术变革，从而提高每个环节任务完成的效率和准确性。随着深度学习技术的发展和实践，我们渐渐发现，虽然我们在每个环节都提供了更优的答案，但是当所有环节连接在一起时，全局问题的结果并不一定是最好的。前面解析神经网络的时候已经提到，参数求解是一个逼近目标的过程，且阶段性的目标与系统的整体目标也可能存在偏差。前一环节的偏差又继续影响下一环节，误差逐步累积，越来越大。

再次回顾一下神经网络的学习方式，它的强大之处在于可以学习任意的输入和输出之间的映射关系。也就是说，它并不需要我们人为地把自然语言处理分成若干个子问题。如果我们直接让神经网络学习输入和最终的输出结果，会怎么样呢？

端到端训练就是指在任务或应用中忽略所有的中间阶段，直接用神经网络进行学习的深度学习方式。对于特定的机器翻译任务，例如将“我爱中国”翻译为英文，我们不需要对这个句子进行分词操作，仅需要以这个句子作为神经网络的输入，将神经网络的结果输出与标准译文“I love China”对比来纠正错误，纠正的方式就是调整神经网络内部参数。通过大量的修正训练，就可得到一个远胜传统机器翻译方法的神经网络模型。很高兴，我们再一次看到了神经网络的威力。在巨大的深层神经网络面前，一切难题似乎都能被解决。端到端的训练带动了人工智能的再一次飞跃。

然而，端到端训练也引发了一些传统方法研究人员的焦虑。他们投入了大量的时间和精力到各个环节的研发上，现在新的方法直接绕过了他们。最新的神经网络机器翻译方法没有用到任何的句法知识，仅从神经网络学到的复杂结构就能实现非常好的效果。但是不要觉得以前的方法过时了、被淘汰了，端到端训练并不是万能的。端到端学习最大的困难是需要凭借大量的数据和计算才能训练出表现优异的系统。别忘了，训练数据是稀缺的，计算资源也是昂贵的（图5-2）。所以产业界的端到端训练模型目前都是由大型专业软件公司构建的，主要针对的也是通用普及的语料资源。在小规模数据集的问题上，传统的“流水线”方法依然是主流。

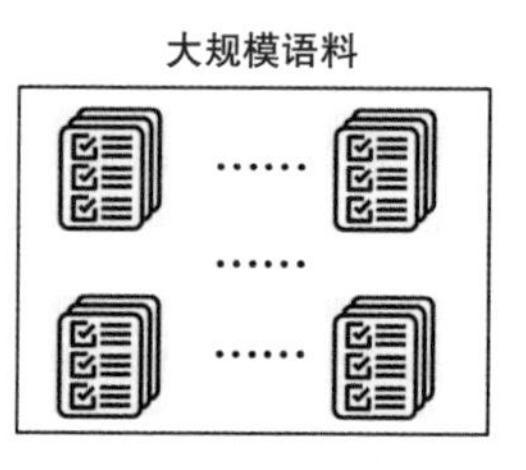

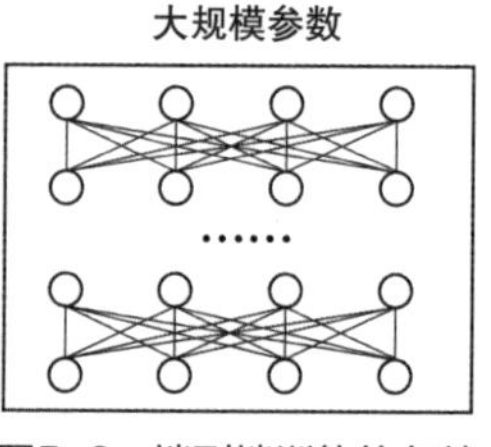

图5-2　端到端训练的条件

（三）预训练模型

大规模的端到端训练需要大规模的人工标注的数据来指导模型的优化方向，但是人工标注大量的数据不仅耗时耗力，而且在某些情况下是极不现实的。网络爬虫技术的发展让我们能轻松地获取互联网上庞大的未经标注的数据文本，我们能否直接在这些未经人工标注的文本上训练神经网络模型，使其能具备对文本的理解能力呢？预训练模型技术给了我们答案。

预训练模型技术是指先通过一批语料完成模型训练，然后在这个初步训练好的模型基础上再继续训练或者另作他用。通过端到端训练，我们使用大规模文本语料库训练深层网络结构，可以得到一组模型参数，我们称这种深层网络结构为“预训练模型”。将预训练好的模型参数应用到后续的其他特定任务上，这些特定任务通常被称为“下游任务”（图5-3）。已经被证明行之有效而且普遍采用的一种做法是：在语料库的文本中随机擦去一些词语，把剩下的不完整的句子输入神经网络，训练其还原出未经破坏的原始句子的能力。这一训练过程不仅不需要对训练文本进行额外的标注，而且更充分地利用了语料库中的庞大数据。通过预训练过程，神经网络能更好地捕捉语言底层知识和提升语言理解能力。虽然这种预训练模型能更好地利用庞大语料库的同时降低人工标注数据成本，但是计算会带来巨大开销仍是一个不可避免的问题。

经过在“下游任务”的语料库上进行微调，深度模型在这些任务上的性能可以进一步提升。

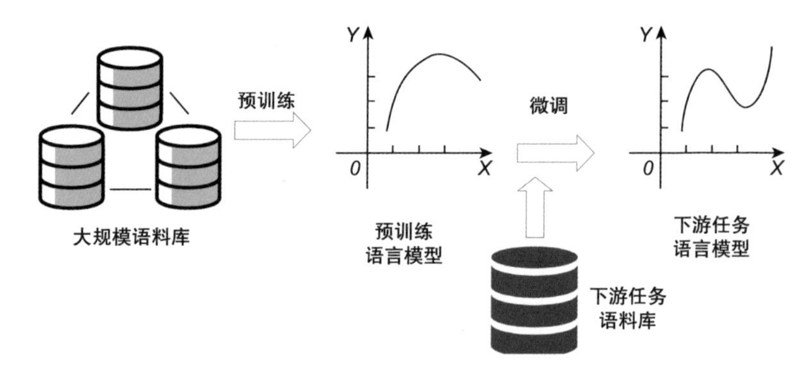

图5-3　基于预训练的自然语言处理流程

从近年的实践效果来看，预训练语言模型在诸多下游任务上的表现较传统方法有了很大的提高，这些下游任务几乎涵盖了自然语言处理领域的典型任务，例如语义关系识别、命名实体识别、机器翻译等，这充分说明了预训练模型的普适性。最重要的是，这些模型已经被证明只需数百个训练数据就可以取得很好的性能，甚至可以实现无需标注的零样本学习。

（四）神经网络模型的先进代表

1. Transformer模型

如果你想在人工智能领域驾驭下一个大潮，一定要了解Transformer模型。Transformer模型由谷歌（Google）公司在2017年的一篇论文中发布，是迄今为止最强大的神经网络模型之一，强势推动了机器学习领域的进步，近年来飞跃发展的很多人工智能应用都是基于Transformer模型进行开发和实现的。

在认知科学中，由于信息处理的瓶颈，人类会选择性地关注信息的一部分，同时忽略其他可见的信息。比如关注照片中的人，而忽略背景；关注书页中的关键词，而略过其他词语。这种机制通常被称为注意力机制。注意力机制使得人类能通过聚焦场景中一些关键部分就能理解场景信息，而不需要捕获场景中的每一个细节。基于人类注意力机制的启发，研究人员在神经网络中引入注意力机制，使神经网络具备专注于输入数据局部的能力，能在海量信息中聚焦重要的部分。在Transformer模型提出以前，注意力机制通常只是作为一个额外的模块加入神经网络骨架中，引导模型根据当前模型注意力聚焦的位置来动态调整数据权重，从而使模型更关注重点部分。Transformer模型最大的革新是它直接将注意力这一机制作为模型的骨架，设计出一个纯粹基于注意力机制的模型，完全抛弃了传统的模型架构。Transformer模型令人惊异的性能和创新性在自然语言处理领域引发了强烈的讨论。

Transformer模型具有很强的适应性，虽然它是在自然语言处理领域提出来的，但是人们很快发现这个模型可以迁移至各个领域（图5-4）。Transformer模型像是一个万能模型，它可以在计算机视觉中进行图像分类、目标检测、多目标追踪；可以用来合成图像，生成音乐和舞蹈；可以实现近乎实时地翻译文本和演讲；也可以帮助研究人员了解DNA中的基因链和蛋白质中的氨基酸，以加速药物研发。它可以应用于本书提到的所有任务和应用，并带来性能上的突飞猛进。

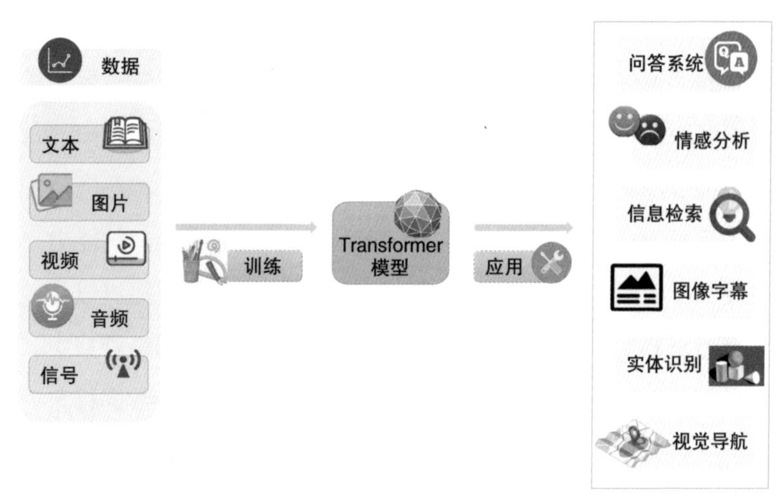

图5-4　Transformer模型的应用

斯坦福大学的研究人员在2021年的一篇论文中称Transformer模型为“基础模型”，因为它的模型规模和应用范围之大，让我们对人工智能的可能性有了更大的想象。

2. BERT模型

站在Transformer模型这个巨人的肩膀上，BERT模型给自然语言处理带来了一次新的革命。BERT模型是一个用于自然语言处理的开源深度学习框架，是近年来自然语言处理领域里程碑式的技术模型。仅在研究阶段，该模型就在11项自然语言理解任务中取得了突破性的成果，包括情感分析、语义角色标注、句子分类以及多义词消歧等。

BERT模型以Transformer模型结构为基础，构建“深度双向”的模型。而一般的语言模型只能顺序读取文本输入，预测句子中的下一个词要么使用左边的信息，要么使用右边的信息。

这使得模型容易因信息的不全面而预测出错。“双向”意味着BERT模型在训练阶段可以从所选文本的左和右双向的上下文中汲取信息。

BERT模型在两个不同的任务上进行了预训练：掩码语言模型（masked language model，MLM）和下一句预测。掩码语言模型训练的目标是在句子中隐藏部分词，然后让模型根据隐藏词（掩码）的上下文预测隐藏词。下一句预测训练的目标是让程序预测两个给定的句子之间是否有逻辑关系，它们是按一定顺序连接的还是只是随机的。

下面的句子示例可以充分展示出双向上下文模型在隐藏词预测时的贡献。无论从左还是从右的上下文判断，隐藏词都有很多的可能性。但双向结合在一起，“鲁迅”作为隐藏词的概率就是最高的。模型的双向性对于理解语言的真正意义很重要。

原句：我喜欢阅读鲁迅的呐喊。

输入：我喜欢阅读【掩码】的呐喊。

BERT模型使用维基百科和图书语料库的文本进行预先训练，维基百科有25亿字，图书语料库也有8亿字。BERT成功的背后，有一半要归功于预训练。正是因为在一个大型文本语料库上训练，模型才能更深入地理解语言工作原理。这些知识是万能钥匙，几乎对任何自然语言处理任务都有用。

对于入门者而言，这些听起来可能有些复杂。那你只需要记住：经过预先训练的BERT模型只需增加额外的神经元输出层就可以进行微调，从而为各种自然语言处理任务生成最顶尖的新模型。

BERT模型引发了许多新的自然语言处理体系结构、训练方法以及语言模型研究。当你读到本书的时候，它可能不再是最新的模型了，但它的设计思想和业界影响力依然是不可忽略的存在。

二、视觉-语言融合

现实世界中，人类利用多种模态信息，如视觉、声音、文字、触觉等全方位感知世界，并进行环境推理和决策。如何让机器像人类一样通过多模态传感数据进行计算和推理一直是人工智能研究的目标。例如，在智能人机交互等应用中，需要机器能够与人同时通过自然语言、语音、视频图像等进行交互；在医疗诊断中，往往需要通过“望、闻、问、切”等多种医疗检测手段，并综合不同类型的医疗检测结果形成最终的诊断结果。近年来，随着深度学习技术的发展，视觉、语音、自然语言等单模态信息处理技术已取得了长足发展，跨模态（或跨媒体）数据协同表征和特征融合作为研究热点，也形成了一系列的模型和方法，但复杂场景的智能感知和理解仍然极具挑战性。国务院印发《新一代人工智能发展规划》，将“跨媒体感知计算”和“跨媒体分析推理技术”列为重要内容。复杂的现实场景理解和推理研究是未来智慧，包括智慧交通、智慧医疗、智慧物流、空间态势感知等诸多关键领域实现技术突破的关键问题。

机器视觉（machine vision，MV）和自然语言处理是人工智能两个重要的研究领域，它们分别专注于在视觉和语言上模拟人类智能，是人类用于理解和表达最重要的两个感官。近年来，这两个领域的研究方法逐渐相近，也都需要用到机器学习、模式识别等技术，同时，它们也都受益于近几年深度神经网络的进步。可以说这两个领域目前的先进成果都是基于神经网络的，很多应用已经达到了实用的程度，比如机器视觉里的物体识别、自然语言处理里的机器翻译。得益于图像数据和文本数据的爆炸式增长，这两个领域的结合刚刚崭露头角就迅速被推上了热点，产生一系列新的应用与挑战。比如图像字幕（看图说话）、视觉问答、视觉推理、视觉导航等比较经典的视觉-语言任务。

不管是哪一种任务，深度、全面地理解场景内容总是第一步。复杂的视觉场景通常包含着丰富的文本信息，这些文本信息能帮助计算机更充分地理解图片里的场景，从而回答更多的问题或完成更深层的推理。以看图说话的任务为例，如图5-5所示，“桌子上放着一个戴尔电脑屏幕，屏幕上显示的时间是10:48:32”，是不是比“桌子上放着一个电脑屏幕”的信息含量更多？结合图像中的文本，我们可以提取含有出更多细节的自然语言描述。

（1）戴尔显示器上显示的时间是10:48:32
（2）罗技键盘在戴尔显示器的前面
（3）桌上有一个写着可口可乐的红色杯子
（4）原价$19.88的物品，现在降到$17.88
（5）穿着35号球服的球员正在投篮

图5-5　视觉和文本结合的图像理解

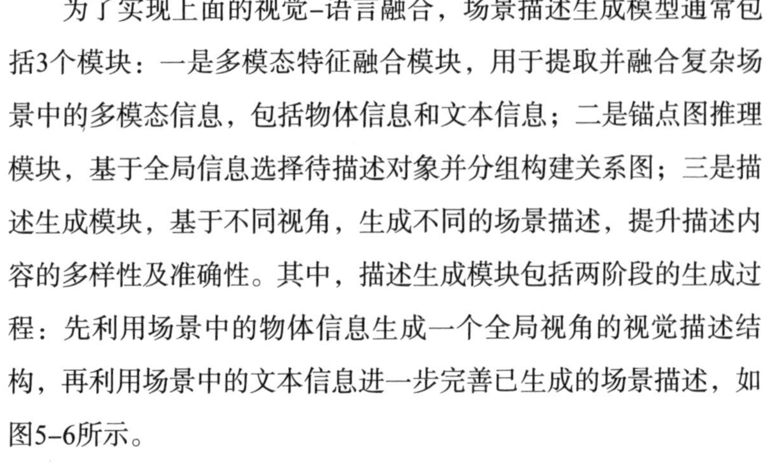

为了实现上面的视觉–语言融合，场景描述生成模型通常包括3个模块：一是多模态特征融合模块，用于提取并融合复杂场景中的多模态信息，包括物体信息和文本信息；二是锚点图推理模块，基于全局信息选择待描述对象并分组构建关系图；三是描述生成模块，基于不同视角，生成不同的场景描述，提升描述内容的多样性及准确性。其中，描述生成模块包括两阶段的生成过程：先利用场景中的物体信息生成一个全局视角的视觉描述结构，再利用场景中的文本信息进一步完善已生成的场景描述，如图5–6所示。

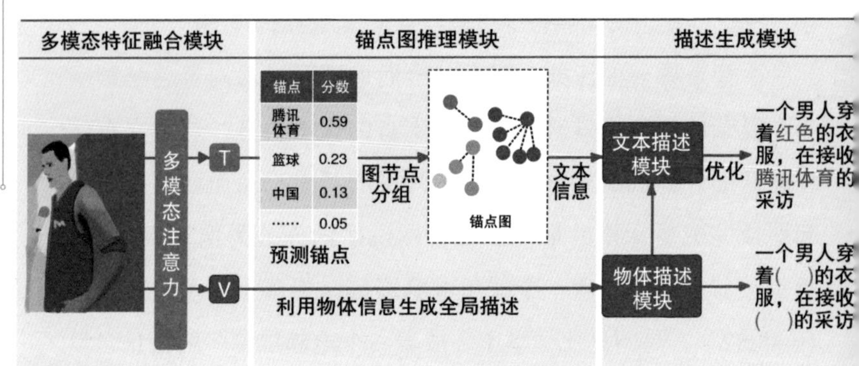

图5–6　视觉–语言融合的场景描述

如果我们问“图像中的球员穿着多少号球衣？”，基于图像的文本描述，问答系统模块可以轻松找到“15号”这个答案。

三、跨语言模型

目前在自然语言处理的研究中，大家潜意识里一般认为英语是一种足够具有代表性的语言，而除英语以外的其他语言研究则通常被认为是“特殊语言”研究。这种研究“偏科”的现象已经被研究者关注，跨语言模型正快速发展，包括机器翻译，以及支持上百种语言的自然语言处理任务的模型。

早期，机器翻译研究者的一个梦想，就是在基于规则的时代实现多语言翻译，实现的方案是基于中间语言翻译，如图5–7（a）所示，中间语言的最佳选择就是英语。中间语言翻译看上去确实是一个很不错的方案，因为多语言翻译通过某个中间语言来实现，能够节省大量的开发成本；如果使用中间语言，开发翻译器的数量随翻译语言的数量呈线性增长；而如果用图5–7（b）的方案，开发翻译器的数量随翻译语言的数量呈平方增长。

然而，在基于规则的方法的机器翻译时代，想采用基于中间语言的方法是不可行的。日本机器翻译专家长尾真（Makoto Nagao）教授曾经说过，当我们使用中间语言的时候，分析阶段的输出结果必须采用这样一种形式：这种形式能够被所有不同语言的机器翻译使用。然而，想要达到这种程度实际上是不可能做到的，或者说无法让所有的翻译器都得到最好的翻译效果。

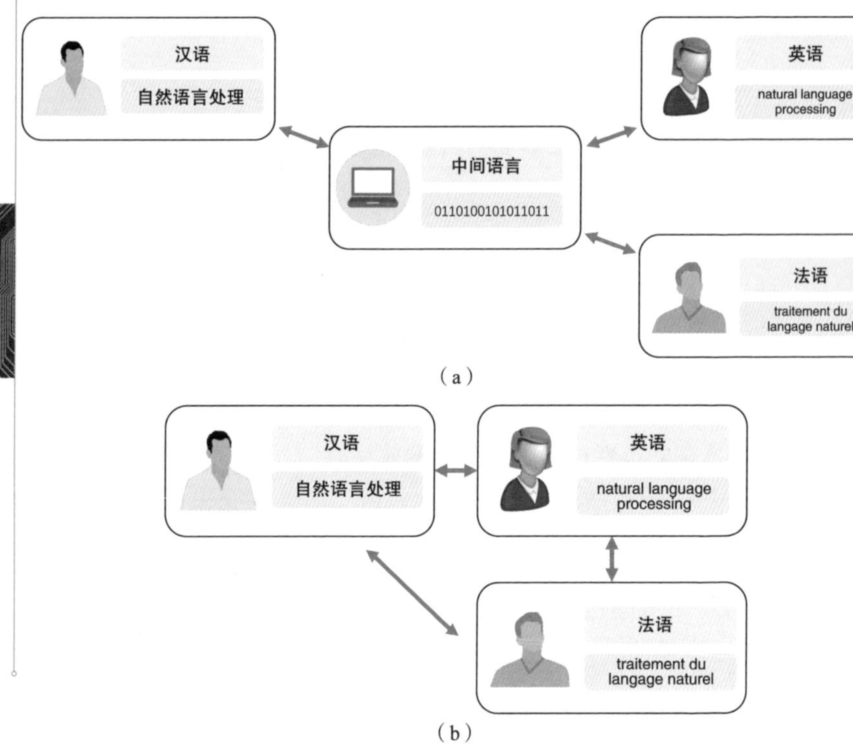

图5-7 多语言转换结构

在Transformer模型和BERT模型取得巨大的成功之后，谷歌公司推出了跨语言的BERT模型，将104种语言全部编码到一个模型里面，再一次将跨语言翻译的实用性推上了巅峰。我们相信，这种利用大规模语料库进行跨语言预训练的跨语言模型方法（图5-8）会随着硬件和软件的进步不断取得突破性的进展。

不管模型规模如何扩张，语言资源的存在使自然语言处理领域的进展始终受限。这样的需求导致了自然语言处理领域中出现了高资源语言和低资源语言之间的数字鸿沟。高资源的语言种类只有几种，包括英语、汉语、阿拉伯语和法语，或许还可以将德语、葡萄

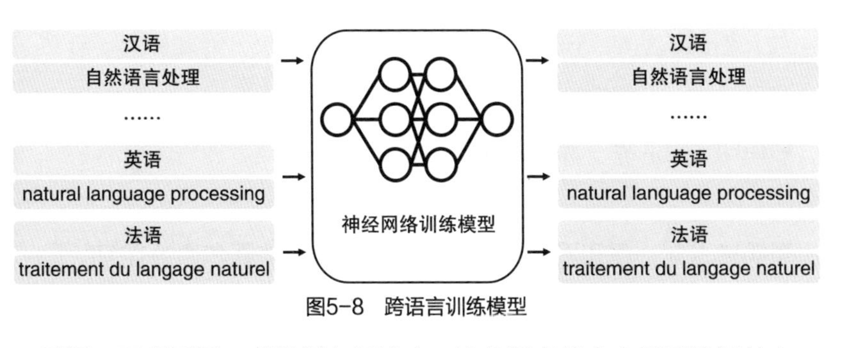

图5-8 跨语言训练模型

牙语、西班牙语、芬兰语包括进去。这些语言具有大量可访问的文本和语音资源，以及一些注释资源，如树库和评估集。语料丰富的高资源语言已经实现了工业级应用。低资源语言由于语料缺乏，需要充分利用语言知识，特别是语言学领域的研究成果，用传统方法和深度学习方法相结合的方式推动小语种的语言理解进程。

四、火遍全球的ChatGPT

2022年11月，美国OpenAI公司推出全新的对话式通用人工智能工具——ChatGPT（chat generative pre-trained transformer），一时之间轰动了整个学术界和产业界，几乎所有的媒体都争相报道，行业内外都在谈论ChatGPT给世界带来的变化和影响。是什么原因让ChatGPT如此备受瞩目？ChatGPT不仅能够和人类进行深入的自然语言对话，还能根据用户提出的要求，完成机器翻译、文案撰写、代码撰写等自然语言处理领域的典型任务。它对自然语言理解的深度、完成任务的准确度以及展现出来的智能程度，已经超越了人类的想象。ChatGPT的智能是我们所期盼的，但是，它的到来比大多数人预测得要更快，因此掀起了轩然大波。ChatGPT到底是什么？它是如何创造奇迹的？让我们走进ChatGPT的世界一探究竟。

（一）ChatGPT争霸秘笈——ChatGPT的工作原理

在谈及ChatGPT时，我们实际上是在探讨一项引人注目的技术，即基于人工智能的对话系统，这种系统能够回答各类问题，提供详尽的信息，并能与人类进行深入的交流。ChatGPT是一种基于大规模预训练语言模型（large language model，LLM）的应用。大规模预训练语言模型也称大模型，一般指具有数十亿甚至上百亿参数的神经网络模型，比如具有1 750亿参数量的GPT-3。

大模型通过在大规模语料库上进行训练，能够学习到丰富的语言知识和提升语义表示能力，用于处理自然语言的各种任务和应用，具有以下几个显著特点：

（1）上下文感知能力：大模型具有较强的上下文感知能力，能够通过学习语料库中的上下文信息，捕捉单词之间的关系和语句的连贯性，从而更好地理解和生成语言。

（2）泛化能力：大模型具有较强的泛化能力，能够应对不同的任务。通过大规模训练数据和丰富的语言知识，大模型能够处理在各种语言现象、语义关系和语境下的推理问题。

（3）多任务学习能力：大模型具有较强的多任务学习能力，能够同时处理多个任务和应用，例如文本分类、摘要生成、机器翻译等。

（4）可迁移性：大模型具有较强的迁移学习能力，即在一个任务上学到的知识可以迁移或应用到其他相关任务上，这使得大模型在面对新任务时能够更快速地适应和学习。

（5）生成能力：大模型具有较强的生成能力，能够生成自然流畅的文本，包括句子的补充、故事的延续、问题的回答等。大模型可以根据给定的语义信息生成连贯的语言输出，且具备一定的创造性和语言风格。

借助大模型，ChatGPT通过有监督微调的方式学习语言的模式和结构，并且通过结合人类在线或离线反馈的方式优化大模型，使得ChatGPT模型的输出能够更接近人类的回答。如图5-9所示，ChatGPT的训练流程可以概括为三个阶段：有监督微调训练、奖励模型训练和基于强化学习的优化训练。有监督微调训练使得ChatGPT具备了一定的语言理解和生成能力，而奖励模型训练可以使ChatGPT在强化学习训练过程中不断被优化，从而提升回答质量。通过两者的结合，ChatGPT能够产生更准确、更有逻辑的回答，最终实现自然且智能化的对话交流。

①有监督微调训练。这一阶段的核心任务是借助丰富多样的训练数据，对已经预训练好的语言模型进行高质量的有监督微调。在这个阶段，一个已经进行过有监督预训练的大规模语言模型（如GPT-3）将作为初始模型，并借助大量的有标注训练的数据进行微调，从而适应特定的应用场景。其中，微调数据集应该与目标任务的要求有关，且在数量和条目水平上足够丰富和多样化。通过这一过程，模型将逐渐理解语言的结构和含义，生成更加拟人的回复。

②奖励模型训练。这一阶段会引入一个奖励模型，并借助人类操作员来对其进行训练。人类操作员向语言模型提问并评估模

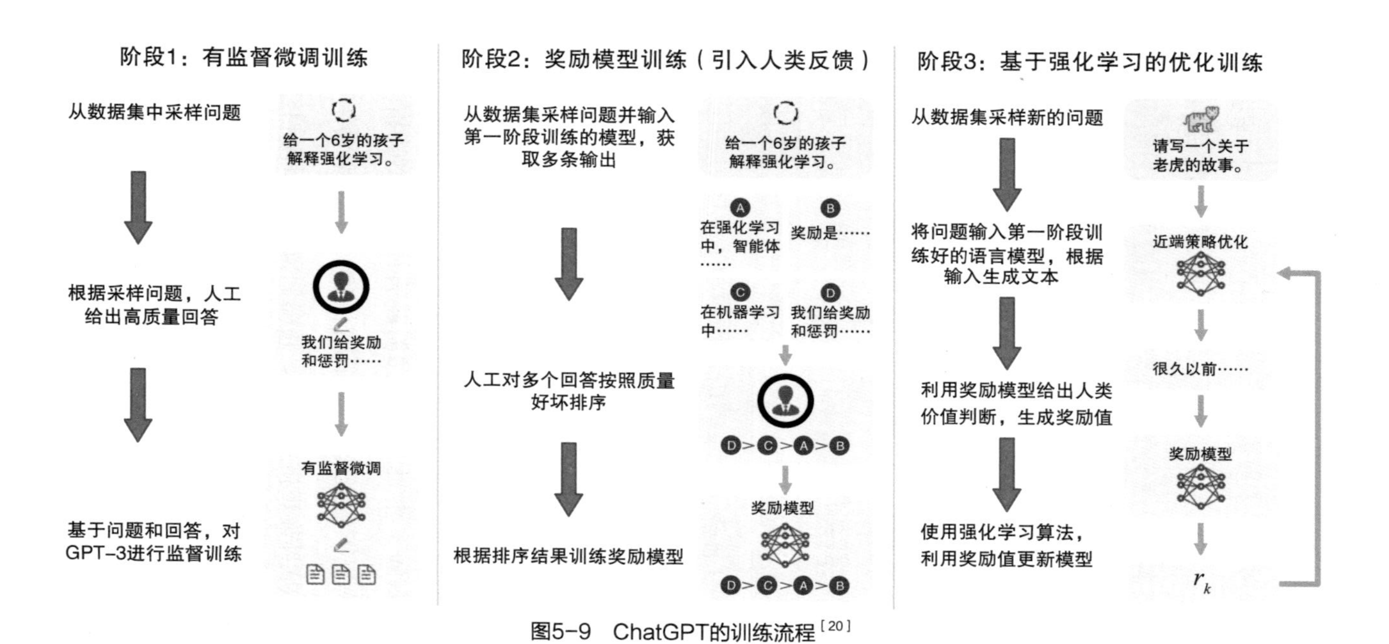
阶段1：有监督微调训练
从数据集中采样问题
给一个6岁的孩子解释强化学习。
根据采样问题，人工给出高质量回答
我们给奖励和惩罚……
基于问题和回答，对GPT-3进行监督训练
有监督微调
阶段2：奖励模型训练（引入人类反馈）
从数据集采样问题并输入第一阶段训练的模型，获取多条输出
给一个6岁的孩子解释强化学习。
A 在强化学习中，智能体……
B 奖励是……
C 在机器学习中……
D 我们给奖励和惩罚……
人工对多个回答按照质量好坏排序
D>C>A>B
根据排序结果训练奖励模型
奖励模型
D>C>A>B
阶段3：基于强化学习的优化训练
从数据集采样新的问题
请写一个关于老虎的故事。
将问题输入第一阶段训练好的语言模型，根据输入生成文本
近端策略优化
很久以前……
利用奖励模型给出人类价值判断，生成奖励值
奖励模型
使用强化学习算法，利用奖励值更新模型
r_k

图5-9 ChatGPT的训练流程[20]

型回答的好坏，这一评估结果将用于训练奖励模型。通过这种方式，奖励模型可以学习人类的评价标准，从而准确地评估语言模型的表现。

③基于强化学习的优化训练。这一阶段旨在进一步提高模型的性能和稳定性。在这个阶段，语言模型会被不断给定新的问题，而奖励模型会评估语言模型的输出结果。根据评估的结果，语言模型的参数会不断地迭代更新，最终能够更好地回答问题并产生更有说服力的回复。

（二）ChatGPT登顶之路——GPT模型的发展历史

传统的自然语言处理方法在处理复杂任务时，往往面临一些限制。这些方法依赖于手工设计的规则（如语言生成过程中的规则、模板）和特征（如词性标注过程中的预定义词性标签集合），需要大量的人工标注和领域知识。此外，传统方法的泛化能力和适应性有限，难以处理大规模数据、多样化的语言变体以及复杂的上下文理解等问题。这些限制促使研究者探索更先进、更强大的解决方案。目前最成功的方法就是利用大量文本数据对大规模模型进行预训练，并学习文本中的统计规律和语义信息，使得模型能够理解和生成自然语言，因此诞生了GPT[21]和Bert[22]等优秀的神经网络模型（图5-10）。

2018年，OpenAI公司发布了一种基于Transformer[23]结构的大规模预训练语言模型，这便是第一代GPT（GPT-1）。GPT-1模型是首个生成式的语言模型，以自回归的方式生成文本，并通过预测下一个单词来学习自然语言的统计规律。GPT-1模型在多个自

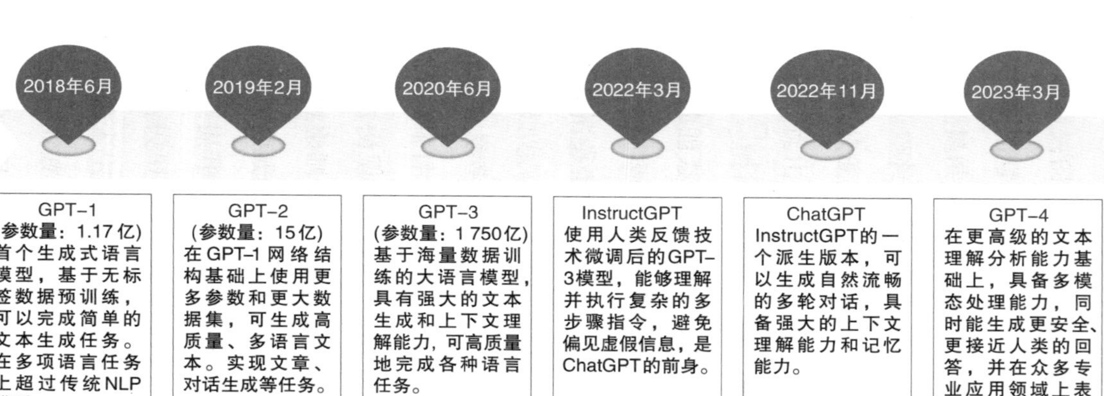

2018年6月
2019年2月
2020年6月
2022年3月
2022年11月
2023年3月
GPT-1
(参数量：1.17亿)
首个生成式语言模型，基于无标签数据预训练，可以完成简单的文本生成任务。在多项语言任务上超过传统NLP模型。
GPT-2
(参数量：15亿)
在GPT-1网络结构基础上使用更多参数和更大数据集，可生成高质量、多语言文本。实现文章、对话生成等任务。
GPT-3
(参数量：1 750亿)
基于海量数据训练的大语言模型，具有强大的文本生成和上下文理解能力，可高质量地完成各种语言任务。
InstructGPT
使用人类反馈技术微调后的GPT-3模型，能够理解并执行复杂的多步骤指令，避免偏见虚假信息，是ChatGPT的前身。
ChatGPT
InstructGPT的一个派生版本，可以生成自然流畅的多轮对话，具备强大的上下文理解能力和记忆能力。
GPT-4
在更高级的文本理解分析能力基础上，具备多模态处理能力，同时能生成更安全、更接近人类的回答，并在众多专业应用领域上表现突出。

图5-10　ChatGPT的发展历程

然语言处理任务上取得了突出的成果，引起了业内的广泛关注。

随后，OpenAI公司分别在2019年和2020年发布了GPT-2[24]和GPT-3[25]这两个重要的大规模预训练语言模型。每一代模型的发布都在上一代的基础上进一步扩展了规模和能力。GPT-1拥有1.17亿参数量，GPT-2拥有15亿参数量，到了GPT-3，参数量已高达1 750亿。当ChatGPT以对话应用的方式进入市场时，它已经能够生成连贯且语义正确的文本，展现出令人惊叹的语言理解能力和文本生成能力。

大模型是ChatGPT成功背后的力量，ChatGPT吹响了大模型之争的号角，并在自然语言处理研究领域中开辟了新的赛道，学术界和产业界纷纷发力，开始研制自己的大模型。2023年2月，美国Meta公司发布开源大模型LLaMA[26]，其具备完成撰写邮件、模仿写作、生成代码、旅行规划、分析数据图表、知识问答等任务的能力。同年3月，我国百度公司发布“文心一言”，其能够完成文学创作、文本补全、自由问答、商业文案创作、数理逻辑推算、中文理解、多模态生成等任务。这些大模型的兴起不仅标志着自然语言处理领域取得了重大突破，也给行业带来了新的机遇和挑战。

当人们还在惊叹于ChatGPT的语言能力时，GPT-4[27]已经悄然而至。新一代的人工智能模型实现了文本和图像的跨模态融合，一时之间，AI绘画让普通人都可以挑战设计师。ChatGPT的超能力已经远不止于能和人类流畅对话，它的能力每天都在快速增长。在学术研究中，文本、图像、视频、声音等模态已经被打通，相信大家很快就能见到像我们的大脑一样可以灵活处理各种输入和输出的智能产品了。

（三）ChatGPT横扫世界——ChatGPT的应用

ChatGPT已经从实验室走向了实际应用，无论在现实的办公场景、服务场景，还是在人们的日常娱乐中，都能看到它的身影。ChatGPT的强大之处在于其对语言的深度理解和处理能力：理解文本，解答用户提出的问题，自动生成具有特定情感色彩的文本。随着技术的不断发展，ChatGPT将在更多应用领域中推动颠覆性的创新，以下为ChatGPT的部分应用。

1. 自动文本生成与创作

大型语言模型可以根据主题或指示来创作具有一定创意和合理性的文本，实现自动化的文本生成，使得文本的生成和创作变得前所未有的便利和高效。在办公场景下，自动文本生成有着重要的应用。例如，在编辑邮件或撰写报告时，我们可能感到写作困难或缺乏灵感。而借助大型语言模型，我们只需输入一些关键信息或者提供初始段落，模型即可根据上下文生成连贯、有逻辑的文本，从而极大地提高写作效率和文本质量。此外，大型语言模型还可以用于生成各种文本内容，如新闻报道、小说、诗歌等。

以下列举了一些自动文本生成的实际使用场景：

（1）会议纪要。重要商业会议的议题纷繁复杂，要从中提炼关键信息并非易事。而大型语言模型可以利用其强大的理解和总结能力，听取会议的录音内容并自动总结出重要内容和重大决策，极大地提高了会议记录的效率，减轻了人工记录的负担。

（2）工作报告。周报或月报的撰写常常是一项烦琐且耗时的工作，而借助大型语言模型可以将这一流程大大简化。只需输

入一些关键数据和信息，大型语言模型即可自动生成结构清晰、逻辑严密的报告，为工作者节省大量宝贵的时间。

（3）邮件撰写。大型语言模型在邮件撰写中也能发挥巨大作用。无论是起草一封新邮件，还是自动回复，语言模型都能以高效且贴切的方式完成。例如，用户只需输入一些简短的提示，语言模型便能生成一封完整的商业提案或合作请求邮件。

（4）内容创作。大型语言模型对于内容创作者而言也是重要的工具，创作者只需提供关键词或主题，语言模型就可以自动生成有创意、有深度的文章或报道。

总的来说，大型语言模型的出现为我们的写作和创作带来了革新，无论是在办公环境还是在创作工作中，大型语言模型都有力地提升了工作效率和产出质量。

2. 对话与问答系统

大型语言模型在对话和问答系统领域也有重要的应用。例如，在客服领域，人们经常遇到需要快速回答用户问题的情况。大型语言模型可以通过对用户提问进行语言理解，在理解用户意图之后生成准确的回答。例如，当用户在一个线上购物网站上提问“这件衣服适合我吗？”时，大型语言模型可以分析并给出回答，如“根据您提供的身高和体型信息，这件衣服可能会适合您”。大型语言模型为用户提供了实时、准确的交互，可以有效提升客户体验，具有重要的实用价值和广泛的应用前景。

目前，以ChatGPT为代表的大型语言模型被广泛应用于各种问答系统中。这些模型已经可以深入理解用户的问题，并生成详尽而精准的答案，例如：

（1）产品咨询。当消费者对产品的特性、使用方法或售后服务存在疑问时，他们可以直接向基于大型语言模型驱动的问答系统提问，并得到精准且实用的答案。

（2）技术支持。在技术支持环节，大型语言模型也能够理解用户对各种软件使用时可能出现的问题，甚至包括复杂的编程问题，并对这些问题提供清晰的解答和详细的解决步骤。

（3）订单处理。对于订单状态、退换货流程等问题，大型语言模型可以全天候快速地提供准确的答复，大大提高了客户服务的效率和满意度，优化了用户体验。

（4）语言翻译。值得一提的是，大型语言模型还具备多语种理解和实时翻译的能力。无论是商务会议，还是旅游交流，这一特性都为跨语言交流提供了极大的便利。

3. 情感分析与情感生成

在娱乐领域，大型语言模型可以用于情感分析和情感生成。其中，情感分析是指大型语言模型通过分析文本中的情感色彩，识别出积极、消极或中性情感，从而理解用户的情感需求。而情感生成是指大型语言模型根据特定的情感需求生成与之相符的文本内容。例如，在电影制作过程中，可以使用大型语言模型生成特定场景下的剧本对白或角色台词，帮助制片方更好地创作出具有情感共鸣的作品，提升观众的情感体验。

此外，大型语言模型在社交媒体和虚拟角色方面也有应用。它可以根据用户的输入生成具有特定情感色彩的回复，例如生成幽默的、带有激励性或鼓励性的内容，在社交媒体互动和虚拟角色交流中具有潜在的应用，如图5-11所示。具体如下：

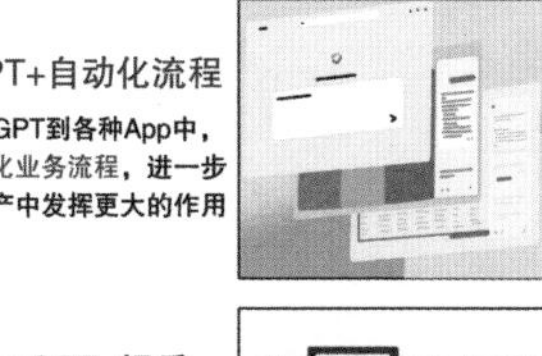
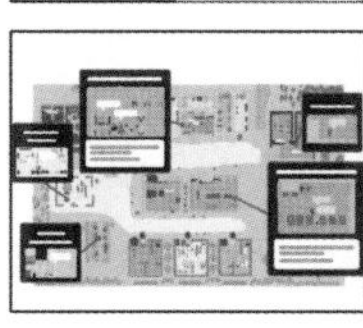

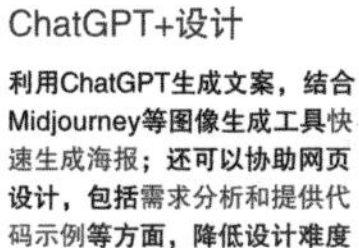

ChatGPT+医疗
ChatGPT能够辅助医生进行初步的疾病诊断并减轻就医导诊的压力；协助研究人员分析和处理大量临床数据，加速医学研究进展和新药物的研发
ChatGPT+自动化流程
集成ChatGPT到各种App中，构建自动化业务流程，进一步在应用生产中发挥更大的作用
ChatGPT
ChatGPT+娱乐
借助ChatGPT构建生成式智能体，可显著提高虚拟角色的真实性
ChatGPT+教育
ChatGPT有望协助教师整理文献资料、生成作业测验和考试并进行评分；帮助学生解决问题并提供分步提示
ChatGPT+设计
利用ChatGPT生成文案，结合Midjourney等图像生成工具快速生成海报；还可以协助网页设计，包括需求分析和提供代码示例等方面，降低设计难度

图5-11 ChatGPT的应用场景

（1）情感分析。大型语言模型可以对社交媒体上的用户表达进行情感分析，识别出用户对某个产品或事件的喜好。这对企业来说是一个极其宝贵的反馈渠道，可以帮助企业了解市场反馈，进一步优化产品或服务。

（2）影评生成。大型语言模型还可以根据电影的情节、角色和风格生成带有明确观点和情感色彩的影评。这不仅能给观众提供观影参考，也能为制片方提供宝贵的反馈意见，有利于指导后续的电影制作。

（3）虚拟角色互动。在游戏和在线社区中，大型语言模型可以为虚拟角色生成丰富多彩的情感对话。这极大地增强了游戏的沉浸感和互动性，提升了用户体验。

（4）创意写作。在创意写作方面，大型语言模型也能发挥出其独特的作用。它能生成情感丰富且有创意的小说、剧本等，为艺术创作提供新的可能。

（四）ChatGPT的偏见与傲慢——大模型的问题与挑战

尽管ChatGPT在某些方面展现出的语言能力已经超出了人类，但其仍然存在诸多限制及问题，可总结为两个方面：模型的偏见与傲慢。模型的偏见指ChatGPT可能生成导致歧视性的言论和错误信息，模型的傲慢则指ChatGPT的可解释性和透明性不足，难以解释模型的决策过程和提供详细解释。

1. 模型的偏见和错误输出

由于ChatGPT是通过大量的文本数据进行预训练的，其语言能力来源于训练的样本。如果这些样本数据中存在偏见或错误信息，那么模型可能会在其回答中反映出这些问题。例如，如果模型在预训练数据中接触到一些带有性别偏见的语句，它可能会在回答问题时不自觉地传递出相同的偏见，给出歧视性的言论或错误的信息。

假设ChatGPT在预训练数据中接触到了一些关于职业的常见陈述，比如将护士与女性联系在一起，将工程师与男性联系在一起。当用户向ChatGPT提问有关职业选择的问题时，模型可能会给出有偏见的回答，比如默认护士是女性或工程师是男性。这种偏见的传递可能会对用户产生误导或造成不公平的现象。

为了解决这个问题，研究人员需要对训练数据进行更严格的筛选和清洗，以减少偏见的存在。同时，监督训练阶段可以引入对模型回复的检查和审核机制，从而纠正或避免可能会出现的偏见或错误输出。

此外，由于ChatGPT等大语言模型通常缺乏常识知识，在大规模运用时容易产生幻觉，出现推理错误并生成错误答案等问题。如图5-12所示，ChatGPT在数学问题求解任务上表现不佳。当输入一个简单的数学问题，ChatGPT可能根据“两辆火车同时启动”错误判断二者出发点相同，然后再根据“当两辆火车相遇时，它们行驶的总距离应该是相同的”的错误判断，最终推理出错误答案“小鸟实际上没有飞行任何距离”。这些问题反应了ChatGPT当前存在逻辑推理能力不足等局限，限制了ChatGPT在实际产业中的规模化应用。

有一辆火车A以每小时150千米的速度离开洛杉矶直奔纽约，另一辆火车B以每小时200千米的速度从纽约开往洛杉矶。如果有一只鸟，以每小时30千米的速度和两辆火车同时启动，从洛杉矶出发，碰到另一辆车后返回，依次在两辆火车之间来回飞行，直到两辆火车相遇。请问，这只小鸟飞行了多长距离？
假设小鸟的飞行时间为t，火车A离开洛杉矶后，行驶的距离为150t千米。火车B离开纽约后，行驶的距离为200t千米。当两辆火车相遇时，它们行驶的总距离应该是相同的。因此，可以得到以下等式：(150+200) t = 30t，解这个方程，可以得到320t=0，我们得出结论t=0。这意味着两辆火车在开始时就相遇了。因此，小鸟实际上没有飞行任何距离，因为两辆火车在开始时就相遇了。

图5-12　ChatGPT的错误输出

2. 可解释性和透明性的挑战

ChatGPT是一个复杂的深度学习模型，其内部的运作方式很难理解，也很难解释。当用户与ChatGPT进行对话时，除了想得到满意的回复，他们往往也希望了解模型为何给出这个回答。然而，由于模型的复杂性，解释其决策过程非常困难。例如，当用户向ChatGPT询问某种药物对某种疾病有效的原因时，模型可能只能根据预训练数据中的统计规律来生成回答，很难对其背后的生物学或化学机制给出清晰的解释。

为了提高可解释性和透明性，研究人员提出对模型的关注点进行可视化管理的方法，目的是帮助用户了解模型在生成回答时所关注的重要信息。另外，一些研究人员也提出了对话历史的可视化工具，以帮助用户更好地理解模型的推理过程。还有一些研究人员正在探索如何将知识图谱和外部知识源集成到模型中，以增强模型的可解释性和知识推理能力。

尽管ChatGPT面临这些挑战和问题，但是它仍然代表了人工智能在自然语言处理领域的巨大进步。我们可以期待，通过不断改进模型的训练方法和引入更健全的监督机制，未来的ChatGPT能够更准确、更可靠地进行智能对话，并在各个领域为人类提供更有用的信息和帮助。

（五）ChatGPT进化升级——大模型未来发展方向和展望

得益于优越的性能和在不同任务上的泛化性，ChatGPT已被广泛用于智慧医疗、智慧金融、智慧客服等多个领域。随着人工智能技术的快速发展，ChatGPT也将持续进化升级，在新的发展方向和更多潜在应用中取得突破。

1. 面向特定领域的定制化ChatGPT大模型

ChatGPT在处理一般性的文本任务时已经展现了强大的能力，但在特定领域内，如医学、法律、金融等，它尚无法全面理解和处理这些领域的术语和知识。因此，设计特定领域的定制化ChatGPT大模型可能是未来的重要发展方向：结合特定领域的大规模数据库和人类专业知识，快速优化ChatGPT大模型，进而对特定领域的知识进行全面的理解和掌握。

2. 具有数据隐私保护能力的ChatGPT大模型

ChatGPT大模型通常依赖于大规模数据集。然而，基于法律法规和隐私保护等原因，数据的流通共享受到了极大的限制，各个国家和各种应用平台出现的“数据孤岛”，也在一定程度上限制了ChatGPT大模型的优化升级。目前，有研究人员在保证数据隐私的前提下通过数据加密等策略，推动各企业和各国家之间进行数据共享，增大数据集规模，有望促进ChatGPT大模型的发展。

3. ChatGPT在各领域的未来潜在应用

未来，ChatGPT将在医疗、教育、金融、游戏、设计、影视等领域实现大规模应用。在医疗领域，ChatGPT可辅助医生进行疾病诊断，也可协助研究人员研发新型药物等。在金融领域，金融机构可以集成ChatGPT到金融领域各个流程中，实现金融资讯、金融产品内容介绍的自动化生产，提升金融机构内容生产的效率。在游戏领域，以ChatGPT为代表的生成式人工智能（AI-generated content，AIGC）正向多模态、低门槛、低成本发展，游戏设计研发、营销运营等领域有望迎来产业革命。在设计领域，ChatGPT可用于文案生成、海报设计和网页制作，为设计师降低设计难度、提升设计效率等。

总而言之，ChatGPT还在高速发展中，未来我们将进一步感受到大模型带来的震撼，其应用前景非常广阔。但同时，我们也应该认识到大模型终究只是人类强有力的工具，我们需要在技术发展与人类价值观之间找到平衡点，让大模型更好地为人类服务，促进人类社会的和谐发展。

第六章

自然语言处理未来展望：无限风光在险峰

自然语言处理正以其独有的魅力促进人类文明达到革命性的、超乎我们想象的高度。尽管目前该领域还面临许多问题，但丝毫不影响我们对未来的憧憬。

因为能够制造和使用工具，人类把自己从动物的序列中单列出来。因为产生了文明，人类通过意识、定义、归纳、推理、论证等，把我们的空间从地表拓展到天地之间，延伸至宇宙之内。而产生文明最基础且最核心的因素，正是自然语言，尤其是记录语言的文字。

人类通过两次工业革命大幅度提高了社会生产力。我们使用能源驱动各种机械，替代我们的双手，制造生活及生产用品；替代我们的双腿，走得更远、爬得更高，甚至飞往太空。我们正在经历的信息革命，正如人类的中枢神经，以类似条件反射的方式控制着各式机器，自发自动地完成设定好的行为或操作。几千年的人类文明，让机器逐步搭建起类人但又非人“个体”的躯体和神经。当“个体”因为自然语言处理实现与人类对话交流、学习，从而被赋予“智能”、拥有“大脑”时，机器或将不再只是人类的工具、助手，而是与人类几乎无差异的同伴。让我们想象一下，当机器既能与我们顺畅交流，还能写诗、画画，甚至和人类顶尖的科学家一起研究、讨论，参与科技创新，这时候的文明，必然是现代文明质的飞跃。

回到现实，如果有一件事我们可以保证将来一定会发生，那就是计算机的自然语言处理技术必然会应用在我们工作和生活的几乎各个方面。当自然语言处理在未来成为主流，全球市场和行业会出现更大规模转向智能驱动的决策方式。全球商业交易中产生的数据量不断增长，智能设备的使用量不断增加，客户对提升服务的需求也越来越多。这些因素将触发自然语言处理的进一步整合。作为人工智能的主要体现，自然语言处理也将助力机器人进入更多的工作场所，各行各业都必须开始准备好迎接它带来的机遇与挑战。

一、从浅层分析到深度理解

即使语言的多义性得到了正确消歧，语言的字面意思得到了准确理解，同样的话语或文本，仍然会导致人们产生不同的理解，引发不同的思绪。这是因为，每个人都是在认识世界和与外界交互的具体过程中习得语言的，所以人们对语言的理解不可避免地会受到个人经历和认知水平的影响，且带有强烈的主观性。

这种主观性反映在很多方面，以作者与读者间的理解差异为例，我们常说“一千个读者就有一千个哈姆雷特”，莎士比亚在写这个剧本时，他心目中可能有一个确切的哈姆雷特形象以及他希望表达的思想；但读者在阅读时，不可避免地会受到自身经历和认知的影响，从而产生不同的理解。这有如一个正态分布，也许作者想要传递的信息就在均值附近，而读者的理解则会各有偏差。这也是为什么同一部世界名著，有的人能产生共鸣，而有的人却觉得索然无味。

常说，言有尽而意无穷，特别是在诗歌中，作者也许本意有限，但不同读者会产生不同层次的解读。“日啖荔枝三百颗，不辞长作岭南人”，如果你了解广东方言，你会更愿意相信这是一个因方言误会所成就的千古绝唱。“一啖荔枝三把火”是岭南人代代相传的俗语，形容吃荔枝容易上火。俗语的地方话发音和苏东坡的名句非常相似。考究的事情留给专家，我们只需对这个语言的故事会心一笑。

自然语言理解没有边界，没有固定模式和标准答案，我们希望给机械的身体注入有趣的灵魂。

二、从具体任务到世界模型

人工智能在一些领域大获成功，比如围棋、电子竞技等。这是因为这些领域能够对客观世界的问题进行精确建模。在自然语言处理领域中，机器翻译的成功，是因为它的源语言和目标语言的语义都是精确对应的，所以它只要有足够的数据支撑，就能取得较好的效果。还有一些成功的应用场景，像智能客服、语音助手系统，它们能够取得一定成果，很大程度上也是因为这些应用对应着明确定义的任务，这些任务也可以通过对客观世界建模来实现。

在一般化的语言场景中，现有的自然语言处理系统通过对词语符号之间的关系进行建模，没有对所描述的问题语义进行建模，即没有对客观世界进行真实且完整的建模。人们理解语言的时候，脑子里一定会形成一个客观世界的影像，并在理解影像后再用自己的语言去描述自己想说的事情。但现在的自然语言处理系统无法对所有客观世界进行精确建模，一旦用户说的话题超出这些预定义的任务范围，系统就很容易出错。

对客观世界建模相当复杂，且并不容易实现。以颜色这个属性为例，计算机用32位二进制编码来表示的话，可以组合出数千万种颜色，但常用的描述颜色的自然语言词语只有数十个，词语和颜色模型的对应关系很难准确地进行定义。早期的本体或者知识图谱、语义网络，都是人类专家试图对客观世界建立通用性模型的一种长期努力，其中一项集大成的成果便是知识图谱。

当前大型语言模型可以助力知识图谱研究，使其具备更强大的语义表达和语言理解能力。或许很快我们能借助知识图谱搭建更丰富全面的世界模型或者语义模型，那么自然语言处理技术可以融合知识图谱，进一步缓解缺乏事实知识、缺少可解释性等疑难问题。就像人类科学研究的基础和目标是对认识世界和探索世界，自然语言处理研究的未来也建立在让计算机更深刻地认识和理解世界的基础上。

三、从文本学习到感知融合

“君不见黄河之水天上来，奔流到海不复回。”这是我们耳熟能详的一句诗。但是不到黄河边，不听到黄河如殷雷般的响动，不看到洪流夹杂着泥沙倾泻而出的冲天气势，不感受到扑面而来的水汽，我们很难理解这句诗所描绘的黄河如挟天风海雨的场景。人类认识世界，理解世界，改造世界，从来都不是靠单一的知觉，而是综合各个器官的感知来进行判断和决策。

现阶段的自然语言处理模型，基本是在纯文本语料库上进行训练，用文本的大规模来换取模型更好的理解能力。但是大规模的模型和语料库在挑战现有硬件设备最大容量和最强运算能力的同时，也带来了边际效应递减的问题：过量增大模型和数据集的规模，付出巨额的额外运算开销却只能带来很少的性能提升。这让我们反思：单纯地在文本上训练真的是机器学习语言的最优方式吗？在机器认识世界的另一个领域——计算机视觉中，已有研究发现在图像识别中引入自然语言知识能提升模型的性能。这给我们带来的启发是，如果在自然语言处理中引入视觉、听觉、触觉、嗅觉等感知特征，实现文本与感知的融合，能不能让机器更好地学习语言知识呢？这为自然语言处理的研究者们指出了一条与人类认知世界的方式相一致，并与感知相融合的探索道路。

四、从被动学习到主观能动

“管中窥豹，可见一斑。”细心的读者可以发现，本书介绍的机器学习的自然语言处理的范式和模型，都只能在人工指定的数据集和定义的任务下进行训练，并且训练完成后也只能在其训练的任务上有不错的效果，换言之，都是被动学习。的确，目前自然语言处理领域还没有出现一个模型能主动地去学习和理解语言。

实际上，人类在学习知识时会不断地与外界产生互动并获得反馈，而这些持续的反馈构成了我们学习这个世界时的监督信号，经过持久的生活过程，这些反馈形成了我们的直觉和常识，而这些内容正是我们在日常交流时不会使用语言直接表述的隐含内容，更不会被清楚地写在文本里。那么机器怎么去捕获这种类型的直觉和常识呢？一种方法是主动试错，让其具备在自我的知识库中进行知识组合、推断并且自我纠正的能力，从而去归纳出文本中没有明确说明的知识。不过从被动学习到主动学习，这一跨越任重而道远，但是作为一座实现真正的人工智能必须跨越的险峰，无数的研究者将前仆后继，相信终有一天这座险峰能被人类征服。

五、从专业门槛到普罗大众

设计、应用机器学习算法是困难而又复杂的事情，如谷歌、微软、阿里巴巴、腾讯等科技公司都需要依靠顶尖的机器学习专家团队来支撑机器学习模型的研发和落地。然而，很多传统企业、中小型企业，甚至普通的非机器学习专业人士，也具有很大的机器学习使用需求，但他们缺少足够的专业知识与计算机资源作为支撑。因此，机器学习领域的专业门槛过高、专家缺口太大、计算机资源消耗巨大是其难以普及的主要原因。

目前，若想要实现一款特定需求的自然语言处理应用，就需要完成设计模型、数据收集及预处理、模型训练及测试、模型部署等一系列流程。其中设计模型包括设计模型架构、选择优化目标、确定优化算法、配置超参数等诸多需要机器学习和特定领域知识的步骤。一旦实现上述流程的自动化，即使是不具备专业知识的普通人也可以通过简单的需求描述，只要提供一段示例给AI，就能获得一个独有的、可用的自然语言处理应用。我们期待有这么一天，全自动自然语言处理能够真正实现消除机器学习的专业门槛，将自然语言处理推广到普罗大众的生活和生产当中。

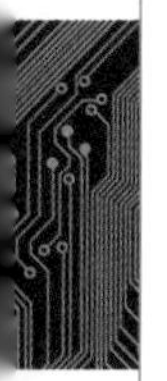

参 考 文 献

［1］百度百科．人工智能［EB/OL］．（2022-10-14）［2022-11-10］．https://baike.baidu.com/item/%E4%BA%BA%E5%B7%A5%E6%99%BA%E8%83%BD/9180?fr=aladdin.

［2］百度百科．机器学习［EB/OL］．（2022-10-24）［2022-11-10］．https://baike.baidu.com/item/%E4%BA%BA%E5%B7%A5%E6%99%BA%E8%83%BD/9180?fr=aladdin.

［3］百度百科．深度学习［EB/OL］．（2022-10-03）［2022-11-10］．https://baike.baidu.com/item/%E6%B7%B1%E5%BA%A6%E5%AD%A6%E4%B9%A0/3729729?fr=kg_general.

［4］JURAFSKY D，MARTIN J H．自然语言处理综论［M］．冯志伟，孙乐，译．北京：电子工业出版社，2005.

［5］张华平．自然语言处理与信息检索共享平台［EB/OL］．（2022-10-30）［2022-11-10］．http://ictclas.nlpir.org/.

［6］斯坦福大学．斯坦福大学CoreNLP［EB/OL］．（2022-8-30）［2022-11-10］．https://stanfordnlp.github.io/CoreNLP/.

［7］NLTK TEAM．Natural Language Toolki［EB/OL］．（2022-3-25）［2022-11-10］．https://www.nltk.org/.

［8］SPACY TEAM．SpaCy［EB/OL］．（2022-11-10）［2022-11-10］．https://spacy.io/.

［9］北京大学中国语言学研究中心．CCL语料库［EB/OL］．（2022-11-10）［2022-11-10］．http://ccl.pku.edu.cn:8080/ccl_corpus/index.jsp?dir=xiandai.

［10］黄水清，王东波．新时代人民日报分词语料库构建，性能及应用（一）——语料库构建及测评［J］．图书情报工作，2019，63（22）：5-12.

［11］XUE N，ZHANG X．CTB语料库［EB/OL］．（2013-11-15）［2022-11-10］．https://catalog.ldc.upenn.edu/LDC2013T21.

［12］周强，张伟，俞士汶．汉语树库的构建［J］．中文信息学报，1997，11（4）：43-52.

［13］刘海涛．依存语法和机器翻译［J］．语言文字应用，1997（3）：91-95.

［14］哈工大社会计算与信息检索研究中心．语言技术平台［EB/OL］．（2022-11-10）［2022-11-10］．http://ltp.ai/.

［15］赵京胜，宋梦雪，高祥．自然语言处理发展及应用综述［J］．信息技术与信息化，2019（7）：142–145.
［16］浪潮．源1.0［EB/OL］．（2022–11–10）［2022–11–10］．https://air.inspur.com.
［17］WU S H，ZHAO X D，YU T，et al．Yuan 1.0：Large–scale pre–trained language model in zero–shot and few–shot learning［EB/OL］．arXiv preprint arXiv：2110．04725，2021.
［18］TAIRA B R，KREGER V，ORUE A，et al．A pragmatic assessment of google translate for emergency department instructions［J］．Journal of general internal medicine，2021，36（11）：3361–3365.
［19］WANG Y N，ZHOU L，ZHANG J J，et al．Word，subword or character? an empirical study of granularity in Chinese–English NMT［C］．China Workshop on Machine Translation．Singapore：Spring Singapore，2017：30–42.
［20］OpenAI．OpenAI［OL］．［2023–06–30］．https://openai.com/blog/chatgpt.
［21］RADFORD A，NARASIMHAN K，SALIMANS T，et al．Improving language understanding by generative pre–training［DB/OL］．［2023–06–30］．https://cdn.openai.com/research–covers/language–unsupervised/language_understanding_paper．pdf.
［22］DEVLIN J，CHANG M W，LEE K，et al．Bert：Pre–training of deep bidirectional transformers for language understanding［DB/OL］．（2019–05–24）［2023–06–30］．https://arxiv.org/abs/1810.04805.
［23］VASWANI A，SHAZEER N，PARMAR N，et al．Attention is all you need［C］．Advances in neural information processing systems，December 4–9，2017，Long Beach，California．Cambridge：MIT Press．30：5998–6008.
［24］RADFORD A，WU J，CHILD R，et al．Language models are unsupervised multitask learners［DB/OL］．［2023–06–30］．https://cdn.openai.com/better–language–models/language_models_are_unsupervised_multitask_learners．pdf.
［25］BROWN T，MANN B，RYDER N，et al．Language models are few–shot learners［J］．Advances in neural information processing systems，December 6–12，2020，Virtual–only．Cambridge：MIT Press．33：1877–1901.
［26］TOUVRON H，LAVRIL T，IZACARD G，et al．Llama：Open and efficient foundation language models［DB/OL］．（2023–02–27）［2023–06–30］．https://arxiv.org/abs/2302.13971.
［27］OpenAI．GPT–4 Technical Report［DB/OL］．（2023–03–27）［2023–06–30］．https://arxiv.org/abs/2303.08774.